国家出版基金项目
NATIONAL PUBLICATION FOUNDATION

"十四五"时期
国家重点出版物出版专项规划项目

航天先进技术
研究与应用系列

王子才　总主编

航天器智能任务规划与自主运行技术

Intelligent Mission Planning and Autonomous
Operation Technology for Spacecraft

李玉庆　雷明佳　冯小恩　窦海军 编著

哈尔滨工业大学出版社
HARBIN INSTITUTE OF TECHNOLOGY PRESS

内 容 简 介

智能任务规划和自主运行技术能够提升航天器智能性和任务回报,同时降低操作人员的工作强度和运行成本。本书较为系统地介绍了航天器自主运行和任务规划的基本概念和主要方法,包括绪论、航天器任务规划问题的特点分析、航天器平台自主规划问题的求解模型设计、航天器载荷自主规划问题的求解模型设计、航天器智能任务规划算法分析、面向平台智能运行的任务规划算法、航天器智能任务筹划及自主决策、面向载荷智能运行的任务规划算法、航天器智能任务规划与自主运行的模式与体系、国外典型航天器任务规划系统等内容。

本书内容丰富实用,可供从事航天器智能规划方面的技术人员和管理人员阅读,也可作为高等院校相关专业的教材或教学辅助用书。

图书在版编目(CIP)数据

航天器智能任务规划与自主运行技术/李玉庆等著
. —哈尔滨:哈尔滨工业大学出版社,2024.9
　(航天先进技术研究与应用系列)
　ISBN 978 - 7 - 5767 - 1197 - 4

Ⅰ.①航…　Ⅱ.①李…　Ⅲ.①航天器－飞行控制－研究　Ⅳ.①V448.2

中国国家版本馆 CIP 数据核字(2024)第 028286 号

航天器智能任务规划与自主运行技术
HANGTIANQI ZHINENG RENWU GUIHUA YU ZIZHU YUNXING JISHU

策划编辑	张　荣	
责任编辑	刘　威　周一瞳　马　媛	
出版发行	哈尔滨工业大学出版社	
社　　址	哈尔滨市南岗区复华四道街 10 号　邮编 150006	
传　　真	0451－86414749	
网　　址	http://hitpress.hit.edu.cn	
印　　刷	哈尔滨博奇印刷有限公司	
开　　本	710 mm×1 000 mm　1/16　印张 12.25　字数 240 千字	
版　　次	2024 年 9 月第 1 版　2024 年 9 月第 1 次印刷	
书　　号	ISBN 978 - 7 - 5767 - 1197 - 4	
定　　价	78.00 元	

前 言

　　航天器是人类进行空间探测的重要装备,其智能化水平是影响任务执行效率的重要因素。尤其是目前近地航天器数量急剧增加,深空探测距离越来越远,探测任务越来越多,传统的地面遥控操作方式存在通信时间延迟、处理效率低下、操作任务繁重等弊端,难以满足快速发展的航天任务需求。因此,航天器智能任务规划和自主运行技术越来越受到研究人员和工程人员的青睐。基于星上计算机软硬件,通过建立在轨自主管理系统,航天器可以独立自主地完成任务规划调度、任务操作执行、航天器健康状况监测与故障诊断等功能。这可以极大地降低航天器的运行成本,提高系统的工作效率与可靠性,对于提升我国的航天技术及空间探测技术的水平具有十分重要的意义。

　　本书根据作者在航天器任务规划领域多年的研究成果和工作经验,详细介绍了航天器自主运行和智能任务规划的发展、组成及国内外研究现状,分析了航天器智能任务规划算法,剖析了航天器自主协作运行模式体系,并从问题描述、约束条件分析、方法描述等方面重点阐述了航天器平台和载荷的自主任务规划建模求解技术。

　　本书共分 10 章。

　　第 1 章为绪论。主要介绍航天器自主运行与智能规划的内涵,航天器自主运行、任务规划、平台任务规划、载荷任务规划和任务筹划的概念与定义,航天器自主技术的发展历程,其中对美国国家航空航天局(NASA)、欧洲航天局(ESA)等机构运用自主技术的研发成果做了详细介绍。

　　第 2 章为航天器任务规划问题的特点分析。主要介绍航天器平台和载荷任务规划问题的问题要素、特点、难点。

　　第 3 章为航天器平台自主规划问题的求解模型设计。主要介绍航天器平台自主规划的问题描述、知识描述方法和典型航天器平台自主管理的知识模型。

第 4 章为航天器载荷自主规划问题的求解模型设计。主要介绍航天器载荷自主规划问题描述、典型约束条件分析及其数学表达和常用目标函数设计。

第 5 章为航天器智能任务规划算法分析。主要介绍常用规划调度方法，以及针对平台、载荷任务规划的算法分析。

第 6 章为面向平台智能运行的任务规划算法。主要介绍航天器任务规划问题的状态、关系、描述，基于 A^* 的搜索策略，以及基于状态扩展的任务规划算法，并给出了仿真示例。

第 7 章为航天器智能任务筹划及自主决策。主要介绍航天器的智能任务筹划问题描述、任务产生机制分析、智能任务筹划及自主决策问题描述、任务属性智能配置问题的数学模型和任务筹划及自主决策方法。

第 8 章为面向载荷智能运行的任务规划算法。主要介绍算法的编码方式、初始群体产生、适应值计算、选择机制、变异策略、交叉策略、种群更新和终止条件，并给出了算法实现流程和仿真示例，以及算法性能分析。

第 9 章为航天器智能任务规划与自主运行的模式与体系。主要介绍星群自主协作运行模式分析、现有星群组织结构模型分析、自主任务规划的运行机制和自主任务规划系统硬件体系结构设计。

第 10 章为国外典型航天器任务规划系统。主要介绍 ASPEN－MAMM 卫星地面规划系统、RSSC 卫星任务规划系统和 MAPGEN 航天器任务规划系统。

本书在撰写过程中，参考了国内外相关领域专家学者的研究成果，并得到了多个相关单位领导和专家的指导和帮助。西安卫星测控中心张海龙对本书架构提出了指导性意见，并参与了第 1、9 章的撰写；高宇参与撰写了第 2、3、4 章的部分内容；吴冠参与撰写了第 5、6、8 章的部分内容；王小乐参与撰写了本书第 5、7、8 章的部分内容；邢楠参与撰写了第 1、2、10 章的部分内容。哈尔滨工业大学博士研究生冯小恩承担了第 6、7、8 章的算法设计工作和全书算法的分析及验证等任务，为本书的撰写做出了重要贡献；贾昀昭参与撰写了第 1、2 章的部分内容；江飞龙参与撰写了第 3、6 章的部分内容；董韵佳参与撰写了第 4、9 章的部分内容；朱凌慧参与撰写了第 5、6 章的部分内容；林炜铖参与撰写了第 6、7 章的部分内容；吴浩龙参与撰写了第 7 章的部分内容；任胥朴参与撰写了第 4、8 章内容的编写；段勤政参与撰写了第 8、9 章的部分内容；李美程参与撰写了第 1、10 章的部分内容。另外，研究生严嘉乐同学协助进行了本书的整理工作，在此一并表示感谢。本书部分彩图以二维码的形式随文编排，如有需要可扫码阅读。

虽然作者力图在本书中涵盖航天器智能任务规划和自主运行技术的各个方面及其最新进展，但该技术本身一直处于高速发展之中，且囿于作者水平和编写时间等因素，难免存在纰漏不足之处，恳请广大读者批评指正。

著 者

2024 年 4 月

目 录

第1章

绪　论

1.1　内涵、目的与意义

空间探测是人类了解地球、太阳系和宇宙,进而考察、勘探和建立地外天体基地的重要基础。空间探测主要包括近地探测、月球探测、行星探测、行星际探测和星际探测等。通过空间探测,人类可以研究太阳系及宇宙的起源、演变和现状,进一步认识地球环境的形成和演变,认识空间现象与地球自然系统之间的关系。从现实和长远来看,对空间的探测和开发具有十分重要的科学和经济意义。探测器是空间探测任务中的主体,它由地球发射进入太空,实施地球、月球、行星及其卫星探测,以及小行星与彗星探测。根据探测任务的不同,探测器可携带着陆器或探测车,并将其释放到星体表面进行巡视探测。

目前,我国对月球的探索已经实现了诸多计划。我国于2007年发射了嫦娥一号,随后于2010年发射了嫦娥二号。嫦娥一号实现了我国探测器首次奔月,并完成了拍照、激光测高、矿物和光谱成分探测等一系列科学观测。嫦娥二号是嫦娥一号的备份星,在成功发射并进入月球轨道后完成了计划探测任务,并飞掠小行星图塔蒂斯,成为第一个获取该小行星高清影像的探测器。紧接着,在2013年,我国又发射了嫦娥三号卫星,嫦娥三号任务是我国探月工程"绕、落、回"三步走中的第二步,实现了我国航天器首次在地外天体软着陆。嫦娥四号是嫦娥三号的备份星,其于2018年12月8日发射,并着陆于月球背面的南极艾特肯盆地,同时释放玉兔二号月球车,实现了人类探测器在月球背面的首次软着陆,随后开展了原位和巡视探测,以及地月 L2 点中继通信。2020 年 11 月 24 日,嫦娥五号月球探测器由长征五号遥五运载火箭发射,在完成月球钻取采样及封装任务后,于 12 月 17 日凌晨携带月球样品着陆地球,实现了中国首次月球无人采样返回。

随着航天事业和空间探测技术的发展,尤其是探月工程的一步步推进,探月前三期使用的通过上传详细命令序列来操作和控制航天器的方法受到严峻的挑战。随着探测器与地球距离的增加,以光速传输数据的通信时间延迟可能达到半个小时之多;另外,探测器与地球之间存在遮挡,可能导致长时间与地球失去联系,这对于实时性要求非常高的探测器来说是难以接受的。另外,通过地面发送指令来控制的方法可看作开环控制,某个命令稍有错误便会引起数据的丢失甚至整个任务的失败,因此必须极其细心和费力地在地面构造命令序列,并在发送给探测器之前进行多次检查,这造成了时间和资源的浪费。而且,在命令序列执行过程中,意外的硬件故障和环境的不可预期变化也将引起探测器的状态偏离,从而导致指令执行出现非预期的偏差,影响探测任务的成功执行,甚至威胁探测器的安全。

由于地面遥控的方式存在以上弊端,因此自主任务规划技术受到越来越广泛的关注。基于星上计算机软硬件系统建立在轨自主管理系统成为未来空间探测技术发展的一个重要方向。自主任务管理系统可以自主地完成飞行任务的规划和调度、科学任务的操作、高级指令的扩展、规划的灵活执行、故障防护,以及探测器健康状况的保持等。自主任务管理系统的应用可以使探测器在整个任务过程中减少地面干预,从而降低探测器操作费用及对测控网络的需求。同时,由于系统自身具备一定的规划和推理能力,可以进一步应对空间探测任务中的不确定性,增加任务的可靠性,而且自主任务系统通常采用高级科学任务指令,进一步增加了地面与探测器的交互性,因此开展对航天器自主管理知识建模与规划方法的研究,对全面提升我国空间探测以及航天技术水平具有十分重要的意义。

该项技术旨在增强探测器的智能化程度,减少探测器对测控网络的依赖,降低空间探测任务由地面站收集信息、处理、形成命令序列的操作代价,提高实时控制能力和故障应对能力,保持长期稳定在轨运行。从理论方法角度而言,自主任务规划技术通常包括规划模型建立和求解两大部分;从解决的具体问题和具体对象而言,自主任务规划技术可以分为自主导航、路径规划(巡游车或机械臂等)、平台任务规划、载荷任务规划、任务筹划等。本书重点针对平台和载荷的自主任务规划建模求解技术进行阐述。

1.2 相关概念与定义

1.2.1 航天器自主运行

航天器自主运行是指利用人工智能等现代控制技术,使航天器能够自我管理并完成任务。其目标是不依赖或仅少量依赖外界的指令注入和控制,能够准确地感知自身状态和外部环境,并根据这些信息和任务使命做出适当的决策,最终自主完成各种任务。

航天器自主运行至少包含自主故障检测与隔离、自主导航、自主轨道及姿态控制、自主任务规划等多项内容,其运行方式与传统的测控、运控方式有明显不同,这种不同主要体现如下。

(1)传统航天器自身缺乏智能决策能力,大量工作只能通过被动接收控制指令完成,对地面测控通信的依赖严重。

(2)具备自主运行能力的航天器依托多种人工智能技术,能够进行自主任务决策和管理,极大地降低了对地面测控通信的依赖,能够有效降低航天器管控成本,提高使用效率,快速响应突发事件,并且由于天地通信交互减少,因此提高了航天器大系统的抗干扰和抗毁伤能力。

1.2.2 航天器任务规划

任务规划是航天器运行管理中的一项重要工作,贯穿航天器发射、入轨、长期管理等多个环节,涉及轨道控制、姿态控制、载荷控制等多项内容。本书中的任务规划特指在航天器长期管理中,针对航天器平台和载荷的日常任务进行规划调度。

一般而言,航天器任务规划可以描述为给定初始状态条件、目标状态或优化目标,通过综合应用各种规划算法,由计算单元自行确定由初始状态到目标状态的可行路径,即需要采取的动作和执行的指令。根据需求不同,任务规划阶段可以直接给出航天器的控制指令,也可以由后续的指令生成单元完成具体的控制指令解析。

航天器任务规划可以分为地面集中式任务规划和星载自主任务规划两个大类,其中又包含预先任务规划、滚动规划、动态重规划等问题。无论是哪种类别的任务规划,都需要根据应用对象的不同特点,综合运用智能推理、优化计算、路径搜索等技术完成相应的任务规划调度任务。

具备优良的任务规划能力是保障航天器自主运行的必要条件之一。在设计任务规划方法时,需要结合具体的任务特点和要求,统筹考虑智能算法的优化能力、结果安全可信程度、计算资源限制等多方面因素,选择适当的方法进行任务规划计算。

1.2.3 航天器平台任务规划

航天器平台任务规划是为了区别于航天器载荷任务规划而提出的一个概念。通常,航天器包含结构分系统、热控分系统、电源分系统、控制分系统、测控分系统、载荷分系统等多个分系统。本书中的航天器平台任务规划是指针对除载荷分系统外的航天器任务进行操作规划。

航天器平台任务规划主要解决航天器本体的安全、可靠运行问题。例如,对航天器进行自主导航管理、自主姿态管理、自主电源管理、自主热控管理等,保障航天器本体能够按照预定轨道和正确姿态安全运行,同时保障航天器本体的能源、通信等重要资源处于良好状态。该问题的知识表达方式、求解方法等与载荷任务规划问题不尽相同,因此本书对其进行单独讨论和论述。

1.2.4 航天器载荷任务规划

航天器载荷任务规划是指针对航天器载荷分系统,根据航天器载荷类型和特点,对载荷要执行的任务进行规划。该项工作是航天器长期管理过程中的一项重要内容,尤其是遥感类载荷,其在轨卫星数量多、任务需求量大、任务模式复杂,在对此类航天器进行长期管理时,要求能够快速生成载荷的任务序列,并对载荷使用具备一定的优化能力,以便充分发挥在轨航天器的效能,提升对热点地区的信息保障能力。因此,在实际工程中,对航天器载荷任务规划技术的需求较为迫切。

需要指出,航天器载荷任务规划与平台任务规划并非是完全割裂的,而是存在复杂的相互影响。具体而言,载荷任务规划会受到平台任务规划的制约,同时也会对平台任务规划产生影响。例如,在进行载荷任务规划时,必须考虑载荷动作期间是否有轨道及姿态机动、定向通信等平台任务,平台任务是否与载荷任务要求冲突。如果有此类较为重要的平台运行任务,且二者的任务要求形成冲突,就需要寻找其他合适的时机来进行载荷动作,以免影响平台安全。另外,载荷任务规划的结果也会对平台任务规划产生影响。例如,载荷任务规划完毕后,势必对平台产生姿态调整、电量能源等方面的需求,在进行平台任务规划的过程中就需要考虑载荷的这些需求,并尽量予以满足。

1.2.5 航天器任务筹划

本书中的航天器任务筹划特指遥感类载荷,是指根据任务要求、目标特点等因素,确定执行任务的载荷类型、载荷工作模式、图像分辨率、任务优先级、信息时效等任务要素和任务属性,即实现任务要素和任务属性的自主配置。该项工作是任务规划的前提条件,为任务规划提供任务目标和要求。

实现任务要素和任务属性的自主配置是实现航天器自主运行的必备能力之一,为航天器自主运行提供重要基础。但相较于自主运行的其他方面,目前对任务筹划问题的研究尚较为缺乏,这也导致航天器任务筹划长期以来依赖地面工作人员进行逐项配置,工作效率受到一定限制,且对专业知识和工作经验要求较高。任务筹划问题的求解过程需要完成专家复杂知识的自动提取和匹配,并能够应对复杂多变的实际任务需求,具备一定的“举一反三”能力,同时要满足计算结果正确性、安全性、计算效率等多方面要求,是自主性和智能性的集中体现。

1.3　航天器自主技术的发展历程

航天器自主技术的发展大致经历了以下三个阶段:基于规则的航天器自维护阶段、航天器局部子系统自主阶段、航天器系统级自主阶段。

1.3.1　基于规则的航天器自维护阶段

基于规则的航天器自维护是指在早期航天器星载计算机能力有限的情况下,结合星上存储的预设规则进行对硬件的状态监测和固定策略恢复,完成航天器在空间环境的动态变化和星上异常情况时的在轨自主处理和系统健康状态自我维护。随着深空探测活动范围的扩大和任务数量的增加,航天器出现故障的频率也呈上升趋势。为提高探测器的自主生存能力,基于规则的航天器自维护技术受到了航天工程部门的重视。

从 1980 年开始,美国国家航空航天局(National Aeronautics and Space Administration,NASA)的喷气推进实验室(Jet Propulsion Laboratory,JPL)便开始对自主探测器维护(autonomous sensor maintenance,ASM)技术进行研究。其目的是让探测器在飞行过程中可以容忍硬件和软件的故障及设计时的失误,实现执行任务过程中地面干预的减少。来自工业、学校和 NASA 的专家组成的研究团队确定了详细的自主探测器维护技术中的关键问题。美国约翰霍普金斯大学应用物理实验室(Applied Physics Laboratory,APL)开发的第一代自主系统是基于硬件的故障监测和响应自主功能的探测器,其已应用到监测太阳活动的先进成分探测器(advanced composition explorer,ACE)中。该系统将故障监测和响应与数据处理子系统、电源子系统等组合,形成了 ACE 的安全响应策略,可以完成部件健康情况监测、探测器姿态和机动系统总体监测、探测器部件正确开关状态的维护,以及基于硬件状态的自主响应。

基于规则的航天器自维护阶段仅是根据航天器星载系统中的预设规则进行自身状态维护和故障恢复,缺少灵活性和实时性,在航天器运行环境复杂多变时不能保证航天器的安全运行。

1.3.2 航天器局部子系统自主阶段

随着计算机技术和航天技术的快速发展,航天器上某些关键子系统的结构、功能、控制等得到了深入研究和快速发展,形成了比较独立、功能专一的自主控制子系统模块,如通信控制、命令处理、姿态控制、导航制导、电源管理、故障保护等。

美国 1996 年发射的近地小行星交会探测器(near earth asteroid rendezvous,NEAR)可以对星上故障情况做出反应,保护探测器的安全运行。土星探测器"卡西尼"(Cassini)的星上计算机能够自主进行 12 个仪器包的控制、探测器的定向、热环境的控制和数据存储及通信。欧洲航天局(European Space Agency,ESA)于 2004 年发射的罗塞塔号(Rosetta)彗星探测器实现了人类首次彗星表面自主着陆和彗星样品的自主采集及分析。虽然这些探测器不是完全自主,但自主技术的应用可以在一定程度上减少任务的操作费用,充分利用星上资源,提高探测器的安全性。

子系统自主技术可以实现单个功能的自主运行,但没有从系统的角度对各个子系统之间进行统筹管理和系统协调,所以并不能脱离地面站的控制,实现整个系统层面的长期自主运行。

1.3.3 航天器系统级自主阶段

随着深空探测任务的增加,任务的操作与地面站资源之间的矛盾越来越凸显。另外,航天器同时也面临通信大时延、深空环境不确定、环境动态变化等一系列问题。设计人员希望构建一个系统级的自主系统,将地面站功能与航天器无缝组合,形成一个闭环的自主控制回路,使其可以自主在轨完成任务规划、命令执行、故障诊断和恢复等。航天器可根据从地面接收的高级命令,产生某段时间内满足飞行约束和资源约束的规划序列,并将此任务规划序列转化为探测器硬件系统可以执行的低级指令,在执行过程中监测命令执行情况,并根据测量的信息推断探测器的健康状况,进而进行系统重构或故障恢复等。

系统级的自主系统与传统操控系统的最大区别是将原本在地面上执行的一些活动(如任务规划、命令序列化、探测器行为监测、探测器故障诊断和恢复等)移到探测器上在轨执行,地面操控系统只需向探测器发送高级指令(如"对小行星进行观测"等),而并不需要通过遥测获取探测器的状态,然后制定详细命令序列再上传给探测器。同时,探测所获取的科学数据也不是全部下传到地面,而是经过初步的预处理之后,有选择地进行数据下传。只有当探测器遇到星上自主操作系统不能处理的故障时,才将探测器置于安全模式,并将相关的数据传送给地面站系统,等待地面工作人员发送修复命令。这样,航天器自主操作系统可以大大减少地面工作人员的劳动量,减少对深空通信网络的需求,增加任务的可靠性和实时性,降低操作费用。

美国 DS-1 探测器首次实现了系统级自主系统,并成功进行了飞行试验验证。其自主系统称为远程智能体软件系统,由规划调度模块、智能执行模块和模式识别与故障诊断模块组成,可以无须地面干预而自主地根据情况产生规划,消除资源的约束和时间上的冲突,智能执行规划,并对探测器的健康状况进行监测,在故障发生时进行识别、分离和恢复。DS-1 自主技术飞行验证试验分为三个阶段进行:第一阶段仅将自主执行和故障诊断及修复功能加入控制回路;第二阶段加入了自主任务规划功能;第三阶段进行系统级自主管理系统飞行试验。三个阶段飞行试验都进展顺利,结果证明自主技术可以减少 DS-1 的操作运行费用,增加任务的可靠性和交互性。此次飞行试验获得如下经验:由于航天器系统复杂,因此在飞行任务之前必须开发自主系统验证软件,对系统功能及模型进行验证;复杂规划知识的简化描述和启发式信息的运用是减少在轨规划计算量和提高航天器自主响应能力的关键。在 DS-1 使用的自主任务规划系统基础上,NASA 开发了可扩展标准化远程操作规划框架(extendable uniform remote operations planning architecture,EUROPA)系统和混合自主活动规划产生器(mixed initiative activity plan generator,MAPGEN)系统,并应用于火星着陆探测任务"勇气号"(Spirit)和"机遇号"(Opportunity)两辆火星车的表面巡游探测任务规划中,实现从完全系统自主模式到有限自主模式的各种模式的巡游探测。

为解决航天器长期运行的连续规划、通用知识的表示、模式快速识别等技术,NASA 的阿姆斯(Ames)研究中心、JPL 等先后开展系统级自主技术的深入研究,包括任务智能规划和执行技术、智能科学数据分析技术、分布式自主系统技术、自主安全与精确着陆技术、健康监测与诊断技术等,如 JPL 的人工智能部开发的自主调度与规划环境系统(automated scheduling and planning environment,ASPEN)、连续活动调度规划执行和重规划系统(continuous activity scheduling planning execution and replanning,CASPER)、自主科学探测器实验系统(autonomous sciencecraft experiment,ASE)等。

ESA 为使参与 ESA 的各国科研机构对航天器自主操作形成共同的认识,在实际工程中,针对 ESA 未来的火星上的地外生物项目(ExoMars)开展了自主导航、基于时间线的管理、目标的选择、仪器配置等关键技术研究,目的是确定类似于 ExoMars 的深空项目的自主需求,建立一个自主系统运行和评估的环境。ESA 的 Rosetta 彗星探测器实现了航天器在轨硬件设备状态管理、数据管理、姿态自主控制、轨道控制、异常分析和评估等自主功能,使探测器在远离地球时能够自主进行决策并控制探测器的正确运行,减少地面对航天器进行状态监视和控制的成本。

航天器系统级的自主技术可以使航天器实现真正意义上的在轨闭环自主控制。而要实现航天器系统级的自主技术,首要前提是完成航天器的自主规划系统建模。自主规划系统建模的目的是通过对探测器各个方面的完备性描述,建立自主规划系统的模型知识库,为自主规划提供模型知识支持。

在探测器自主技术和自主规划系统建模方面,国外已经做了长时间的研究,有了相当的技术储备。其中最突出的是 NASA,其在这方面投入了很多的人力和物力,同时也取得了丰厚的回报。由美国加利福尼亚理工大学 JPL 实验室人工智能团队开发的 ASPEN 是目前航天器自主规划系统建模研究中比较成功的范例。ASPEN 探测器自主规划平台设计的一个主要目标是通过简单化操作人员建模方法来消除知识获取的瓶颈。ASPEN 语言是设计给没有自主规划知识的域外专家使用的。飞行器操作知识能用非常自然化的方式表示,这个语言相当直观,几乎不需要知道规划算法是如何工作的。ASPEN 自身为规划支持工具提供了接口,并且具有复合主动规划模式和图形用户界面(graphical user interface,GUI),允许操作人员在需要时很容易地编辑自动产生的规划,一个没有任何人工智能背景的操作人员也能构建 ASPEN 模型。ASPEN 是一个有各种组件、可重新配置、基于人工智能技术的应用框架,能支持各种规划和调度,主要应用在航天器操作领域。航天器任务规划和调度操作包括由一些高级科学和工程目标生成一系列低级飞行器命令序列。ASPEN 规划模型对航天器的可操作性约束、飞行规则和操作过程进行编码,使得系统能够自动产生航天器命令序列。通过对命令序列产生过程的自动化和对详细操作知识的压缩,ASPEN 使飞行器通过若干小型团队指挥成为可能,也因此减少了费用。ASPEN 组件包括以下几个部分。

(1)表示约束的建模语言,允许用户自然定义应用域。

(2)约束管理系统表示,维持飞行器可操作性、资源约束及活动需求。

(3)一系列搜索策略。

(4)时间推理系统表示和维持时间约束。

(5)GUI 使规划调度可视化(用在主动混合系统)。

ASPEN 建模过程如下。

(1)创建一个子目录存储模型/目录存储模型文件。

(2)创建模型的 *.mdl 文件,定义高级模型特征。

（3）创建活动的 ＊.mdl 文件,定义活动。

（4）创建资源的 ＊.mdl 文件,定义活动中使用的资源。

（5）创建状态的 ＊.mdl 文件,定义活动中涉及的状态变量。

（6）创建参数的 ＊.mdl 文件,定义活动中使用的任何参数。

（7）创建时间线的 ＊.ini 文件,定义资源和状态的实例。

（8）用活动实例创建状态初始的 ＊.ini 文件。

采用可扩展标识语言（extensible markup language,XML）的方法也可以对航天器任务规划的知识进行描述。该知识表示方法语义明确、规范严格且具有很好的可扩展性,为规划知识的快速搜索和分布式处理提供了良好的机制。在基于多智能体的探测器任务规划系统中,规划知识是每个规划智能体进行规划、产生合理活动序列的基础。

近年来,针对航天器在轨自主运行技术,国内相关科研院所分别开展了多方面的理论和方法研究。中国空间技术研究院对发展智能自主控制的必要性和需求进行了讨论,研究了深空探测的自主导航方法及航天器自主故障诊断技术,并对航天器智能控制实验平台进行了初步设计。中国科学院空间科学与应用研究中心针对自主控制系统中的规划技术,提出了贪婪和动态规划算法,研究了基于动态调度情况下空间任务仿真系统的关键技术。哈尔滨工业大学研究了深空环境中的故障诊断、航天器任务重规划技术等。国防科学技术大学研究了多星任务的协调规划问题,考虑了在任务规划的同时进行卫星动作规划。北京理工大学深空探测技术研究所针对深空探测任务特点,研究了航天器任务规划知识表示方法和时间约束处理方法等,设计并实现了基于多智能体的自主任务规划系统。目前,国内已经在某些航天器任务中实现了航天器的在轨自主姿态确定与控制、故障诊断和隔离、自主交会对接等功能的子系统级自主,但针对航天器系统级的自主研究工作还处于初级阶段。

1.3.4　航天器自主运行的国内研究现状

自主探测具体应用是在 20 世纪 90 年代的探测任务中提出的。传统自主规划建模的目的就是通过对探测器各个方面的完备性描述,建立自主规划系统的模型知识库,为自主规划提供模型知识支持。探测器系统是一个包括时间和资源信息等多种约束的复杂系统。探测器模型是智能规划和调度系统的知识库,所有关于探测器的知识都包含其中。探测器模型由探测器系统构成、探测器分系统功能、探测器功能约束条件、探测器资源等组成。在探测器模型中,探测器被划分为许多分系统,每个分系统用一组特征变量描述,各特征变量都有一组功能取值。分系统的所有特征变量在某一个时刻的取值联合在一起能够对分系统进行完整的描述。功能取值被探测器的各种特性约束,包括协同限制、准备工作要求(前处理)、后续工作要求(后效)、资源约束、健康状态约束、执行时间约束等,所有约束条件组成功能模型,功能模型加上资源描述构成探测器模型。规划系统工作时,从探测器模型中调用探测器知识,计算探测器资源和运行环境,对任务进行排序,利用各种算法和启发知识分配资源,将任务分解成计划。

我国的中山大学、吉林大学、东北师范大学对航天器智能规划算法的研究较多,国防科技大学、中国科学院大学、哈尔滨工业大学侧重于研究智能规划在卫星任务规划领域的应用。其中,中国科学院大学和国防科技大学的研究侧重于卫星任务规划,哈尔滨工业大学研究的应用平台以航天器为主,但据目前的公开资料显示,很多研究成果还没有在一些具体的型号任务上星载应用。

1.3.5 自主智能航天系统的典型代表

1."战术卫星-3"中的自动推理系统

2009年升空的"战术卫星-3"(TacSat-3,图1.1)在运载管理试验中对自动推理系统的信任问题进行了研究,其中自动推理系统主要用于故障检测和诊断。自动故障管理系统能够在空间操作中提供诸多便利,但也有一些问题仍受到应用部门的怀疑。例如,NASA和美国空军研究实验室(Air Force Research Laboratory,AFRL)以 TacSat-3卫星作为智能空间系统的例子,质疑高可靠的自动故障管理系统在现有星载计算机能力的限制下发挥作用的能力。通过测试,NASA 和 AFRL 认为高精度仿真能够提供智能系统可靠性的证明,从而可以信任它们在可预见的环境中按照预想的性能工作。随后,有学者在模拟的太空环境中对实时远程人机操作的自主性进行了研究,从而量化地给出了相关性能报告。这种量化效果对于增强 NASA 采用交互式机器人执行复杂空间探索任务的信心是有帮助的。在其中一个演示场景中,地面操作人员远程监督多个机器人完成了预想的任务。

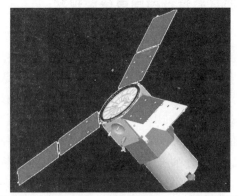

图1.1 "战术卫星-3"(TacSat-3)卫星模拟图

2."深空 1 号"的自主智能技术

"深空 1 号"(DeepSpace 1,DS－1,图 1.2)是 NASA"新千禧计划"(New Millennium Program)中的一个深空航天器技术演示项目。在该项目中,DS－1 航天器于 1999 年飞越了一颗小行星和彗星。DS－1 任务验证了部分自主技术,包括自主导航(autonomous navigation)技术、自主远程决策(autonomous remote agent)技术、自主软件测试技术(autonomy software testing)和自动代码生成技术(auto-coding),实现了一定程度的自主规划、诊断和恢复能力。

图 1.2　"深空 1 号"(DS－1)

(1)自主导航技术。

DS－1 是第一个在空间中使用自主导航系统的任务,在它之前的其他航天任务都是通过地面操作人员实现导航的。DS－1 航天器的自主导航系统由 JPL 研制,该系统通过在星空背景中提取和识别明亮星体的图像信息来实现自主导航定位。自主导航系统包含导航执行单元、图形处理单元、轨道确定单元、机动规划单元和目标知识更新单元。具体定位时,系统通过获取两个以上已知小行星与航天器之间的相对关系来定位自身位置,再通过随时间变化的多个位置信息确定航天器的轨道。利用该自主导航系统,可实现航天器飞越或交会一个或多个空间目标。实际在轨运行情况表明,DS－1 的自主导航系统尚未能完全实现自主工作,偶尔还需要人工手动校正。但在识别一些较暗的目标时,由于其他明亮的目标会造成相机内部的光学衍射和反射干扰,因此该系统未能成功完成任务。

(2)自主远程决策技术。

DS－1 航天器的自主远程决策系统由美国阿姆斯研究中心和 JPL 联合研制。该远程决策系统是第一个采用人工智能实现无人员监控条件下航天器在轨控制的系统。远程决策系统成功演示了在轨任务规划、任务执行、正确诊断和响应航天器部件的故障等自主能力。远程决策系统能够实现自主控制,是未来航天器在远离地球的深空环境下开展复杂空间任务的重要保障。该远程决策系统包含了三个独立的人工智能（AI）子系统：一个强大的任务规划器系统（EUROPA）、一个多线程任务执行系统（EXEC）和一个基于模型的诊断恢复系统（Livingstone）。这三个子系统都运行在 RAD6000 处理器上，带有 VxWorks 操作系统。在轨演示验证的两天时间里，DS－1 的自主远程决策系统对一个失效的电器单元进行了诊断、修复和重启，对一个提供错误信息的传感器进行了识别和隔离，对一个卡在"关闭"状态的姿态控制推力器完成了诊断并将姿控系统切换到了不依赖该失效推力器的模式中。

DS－1 远程决策软件的相关组件还被用于 NASA 的其他空间任务中。例如，EUROPA 曾作为地面任务规划器用于火星探测漫游者（Mars exploration rovers，MER）任务；EUROPA－Ⅱ 曾用于"凤凰号"火星着陆器（Phoenix Mars lander）及火星科学实验室（Mars Science Laboratory）计划；Livingstone－Ⅱ 曾作为一个实验器件，在"地球观测 1 号"卫星（Earth Observing－1，EO－1）和"F/A－18 大黄蜂"（F/A－18 Hornet）任务中开展过飞行试验。

3．"地球观测 1 号"的自主智能技术

"地球观测 1 号"（图 1.3）卫星是 NASA 于 2000 年 11 月发射的一颗地球观测卫星，用于验证一系列新的仪器和航天器创新技术。这颗卫星也是美国"新千禧计划"中的第一颗航天器，采用高度为 705 km 的太阳同步轨道，倾角为 98.7°。在轨运行时，对于每次观测事件（覆盖长 42 km、宽 7.7 km 的陆地面积），它将收集 13 ～ 48 GB 的科学数据，并存储于其星载固态数据存储器中。

图 1.3 "地球观测 1 号"（EO－1）卫星

EO－1 上携带了 ASE。这款软件能够使航天器自动检测和响应发生在地球上的科学事件。从 2004 年起，ASE 便开始在 EO－1 卫星上运行。ASE 包含三个子模块：在轨科学算法模块、鲁棒执行管理模块、持续活动调度规划执行与再调度模块。ASE 工作时会对航天器及任务约束进行建模，并在约束范围内针对科学事件进行基于局部探测的任务规划。通过三个模块的协同工作，ASE 具有一定的自主性，能够在轨进行决策制定，能够进行科学数据的分析和传播规划。ASE 软件自主工作原理如图 1.4 所示。

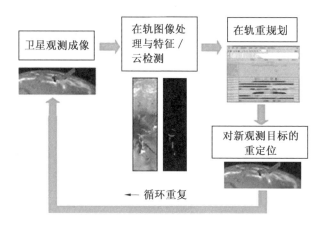

图 1.4　ASE 软件自主工作原理

虽然 ASE 软件首先运行在 EO－1 卫星上,但它的长远规划是用在未来的星际空间任务中。在这些星际空间任务中,在轨科学分析将能够快速捕获短周期的科学现象。此外,在轨科学分析还能够以最佳的时间尺度对数据进行捕获,无须占用过多的在轨内存及链路下传通道。目前,ASE 软件也被用在了 TechSat－21 卫星上。

4. 火星探测漫游车的自主智能技术

火星探测漫游车任务是 NASA 火星探测系列任务中的一项。在该任务中,两辆火星车 ——"勇气号"和"机遇号"(图 1.5)于 2003 年夏季发射升空,携带了相关仪器用于进行远程和原位观测,揭示火星过去的气候、水活动及适居性。为圆满完成科学任务,MER 项目设计了 MAPGEN 用于进行任务规划。MAPGEN 混合了两种已有技术:一是"APGEN 活动规划工具",由美国 JPL 研制;二是"EUROPA 规划和调度系统",由美国 NASA 阿姆斯研究中心研制。其中,APGEN 已在"卡西尼"任务和"深度撞击"(deep impact)任务中应用,而EUROPA 则在 DS－1 任务中应用。MAPGEN 的系统架构如图 1.6 所示。

在实际任务运行过程中,地面操作人员从火星车上接收遥测数据,分析处理后生成下一步任务指令传回火星车。火星车接到这些指令后,MAPGEN 可以自动生成规划和调度方案,进行假设检验,支持规划编辑,分析资源使用情况,进行约束执行和维护。MAPGEN 在性能上超越了 APGEN,能够在禁止活动重叠及资源违反的冲突情况下进行规划生成,主动强化飞行和任务规则。在活动计划生成阶段,地面规划专家可以构建一系列高层次的观测任务上传给火星车,而MAPGEN 则将这些高层次的任务分解为低层次的动作指令。MAPGEN 的使用为科学数据分析和顶层工作设计节省了更多的时间,减轻了地面工作人员的负担,带来了显著的科学回报。MAPGEN 具有灵活的自主性,有能力代替人类规

(a) "勇气号" 火星车   (b) "机遇号" 火星车

图 1.5 "勇气号"和"机遇号"火星车

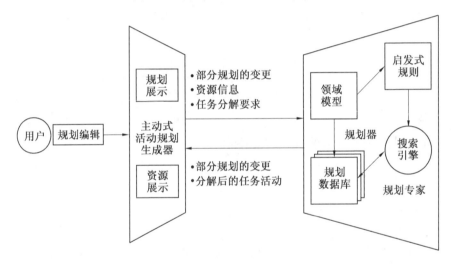

图 1.6 MAPGEN 的系统架构

划火星车的多种观测任务,也可以随时被人类手动接管,响应更高权限的任务。

5. "技术卫星 - 21" 的自主智能技术

"技术卫星 - 21"(TechSat - 21,图 1.7)项目由美国空军研究实验室(Air Force Research Laboratory,AFRL)主导,于 2006 年发射升空,用于演示编队飞行及在轨自主性技术,以提高快速响应能力和改进操作效率。TechSat - 21 包含三颗卫星,组成一个编队,分别在高度为 550 km 的近圆轨道上飞行,星间的相对距离保持在 100 m ~ 5 km。三颗卫星构成一个天基的稀疏阵列的雷达,可用于合成孔径对地成像及移动目标检测。 为实现在轨任务,ASE 软件被安装于 TechSat - 21 的每个卫星上,用于实现在轨任务规划、调度和执行,以及在轨观测规划分配。ASE 软件作为一款拥有自主性的智能软件,先前已在 EO - 1 上使用过。TechSat—21 在 ASE 的支持下,能够在轨自动重置观测目标。例如,当观测相机发现在某个地面区域中可能暗示存在洪水时,卫星将在下一个回归轨道中重新安排一次观测任务,使得雷达的瞄准中心指向该洪水区域,进行更详细的观察。

由于 TechSat—21 不是一个航天器,而是由三个航天器组成的编队,因此为发挥最大效益,应采用多智能体模式,通过离散协同来完成任务。但由于这种分布式的离散模式过于前卫,因此 NASA 出于安全性考虑而没有采纳。ASE 并不是一个多智能体系统,因此实际在轨任务中,是将其中一个航天器作为母星(master),以其上的 ASE 软件作为规划器来调度所有三个航天器的运行,相关规划指令通过航天器间的通信传递。不过,NASA 内部还是有其他研究人员探讨了分布式协同控制的相关可能性。

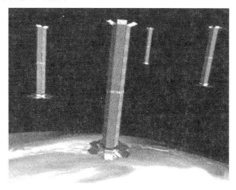

图 1.7　"技术卫星—21"(TechSat—21)

1.3.6　典型任务规划系统

目前关于航天器任务调度的商业软件系统有 JPL 开发的 ASPEN 系统,美国 Veridian 公司开发的通用资源、事件、活动调度系统(GREAS),美国 AGI 公司推出的卫星工具包(STK)的规划调度模块 STK/Scheduler,法国 ILOG 公司开发的商用约束规划系统 ILOG Solver 等。此外,许多国外航天机构还针对一些具体的航天任务开发了一些任务规划系统。卫星任务规划系统及其参加的任务见表 1.1。

表 1.1　卫星任务规划系统及其参加的任务

任务规划系统	机构	参加任务
规划／调度（P/S）	NASA	DS－1
ASPEN	NASA	1. 改良南极测绘任务（Radarsat－MAMM）； 2. EO－1 任务； 3. 轨道快车任务； 4. 冰川的变形、生态系统、结构和动力学； 5. 深空探测网（DSN）； 6. 星上自主科学探查系统（OASIS） 7. 非空间应用（航空、漫游车、海洋水面和潜水器、地面通信站自动化、固定传感器网络）
CASPER（ASPEN－EO－1）	NASA	1. EO－1 任务； 2. CS－3 任务； 3. TechSat－21
Rosetta 科学地面段调度组件（RSSC, ASPEN－Rosetta）	ESA 和NASA	Rosetta 任务
灵活规划（Flexplan）	GMV 公司	1. 土壤水分和海洋盐度（SMOS）； 2. 月球勘测轨道飞行器（LRO）； 3. 陆地卫星数据连续性任务（LDCM）
平塔（Pinta）/柏拉图（Plato）	DLR	1. 航天飞机雷达地形探测任务（SRTM）； 2. 红外对地观测卫星（BIRD）； 3. 小型卫星载荷； 4. 重力恢复与气候实验； 5. X 频段陆地合成孔径雷达卫星（Terra SAR－X）/X 频段陆地雷达附加数字高程模型（Tan DEM－X）
EUROPA	NASA	1. 国际空间站； 2. 自主水下航行器
MAPGEN	NASA	1. 火星上的"勇气号"探测器； 2. 火星上的"机遇号"探测号
火星快车任务长期规划器（Mr SPOCK）	ESA	火星快车号

续表1.1

任务规划系统	机构	参加任务
探测器调度与规划接口(SPIFe)	NASA	火星任务
SOHO锁眼期规划(Skey P)	ESA	太阳和日光层观察航天器(SOHO)
多用户调度环境(MUSE)	NASA	1.詹姆斯·韦伯太空望远镜(JWST); 2.星团Ⅱ星座
科学规划互动知识环境(SPIKE)	NASA	1.哈勃望远镜(HST); 2.斯皮策太空望远镜; 3.JWST; 4.远紫外光谱探测器(FUSE); 5.钱德拉卫星

由表1.1可以看出,NASA、ESA、德国宇航局(DLR)分别在航天器任务规划的应用方面取得了一定的研究成果。目前来看,航天器任务规划系统主要有地面的离线自动规划系统(off-line ground automated planning system)和星载的自主规划系统(on-line on board autonomous planning system)。其中,由NASA研制的ASPEN是一种地面自动任务规划系统,该系统不仅可以应用于卫星等航天器的任务规划,还可以应用于航空器、舰艇和潜水艇等非航天器的任务规划,其应用范围广,拓展性良好。NASA还以ASPEN为原型,针对EO-1、Radarsat-MAMM、Rosetta任务扩展出了CASPER、ASPEN-MAMM、RSSC等几种不同版本的任务规划系统。CASPER是ASPEN的星载版本,也是目前最为著名的星载自主任务规划系统,NASA的EO-1、3CS和TechSat-21任务均使用了该规划系统。此外,MAPGEN、Mr SPOCK和SPIFe为针对火星探测器研发的任务规划系统;SPIKE为针对以哈勃望远镜为代表的太空望远镜所开发的任务规划系统;Pinta/Plato由DLR研发,主要用于地球测绘卫星Terra SAR-X/Tan DEM-X的任务规划。下面结合搜集到的资料,重点对ASPEN-MAMM、RSSC卫星地面任务规划系统,MAPGEN、Mr SPOCK和SPIFE火星探测器地面任务规划系统,CASPER航天器星载任务规划系统以及在研的MISUS航天器板载任务规划系统进行介绍。

1. ASPEN-MAMM卫星地面任务规划系统

ASPEN-MAMM卫星地面任务规划系统用于支持雷达卫星对地球南极的测绘任务(MAMM),MAMM的前驱任务是1997年执行的AMM-1,其目标是获得南极大陆的完整覆盖。MAMM任务于2000年9—11月在加拿大太空总署

(CSA)卫星上执行,其目标是在连续三次 24 d 重复周期中对南极进行合成孔径雷达(SAR)测绘,获得该大陆外围地区(南纬 80°以北)的冰表面数据。该冰表面数据共计由 2 400 多个合成孔径雷达观测数据组成,这些数据必须满足覆盖范围和其他科学标准,同时还要严格遵守卫星资源和操作限制。制定这些观测计划需要大量的时间和知识,在 MAMM 任务的前驱任务 AMM−1 中,前后耗时一年的时间才最终确定了一个类似的观测计划。ASPEN−MAMM 规划器将任务规划的时间成本大幅降低到几个工作日。除减少地面人员制定观测计划的工作时间外,ASPEN−MAMM 规划器还提供星载资源使用跟踪和其他细节,以实现准确的成本核算和可行性评估,并能够快速生成"假设"场景,用于评估任务规划的执行效能。这种快速规划和仿真验证能力能够有力支撑关键参数的设计和选取决策,并有助于准确地计算任务的成本。

规划任务是一个时间和知识密集型的过程。雷达卫星搭载的 SAR 可以在任何一个平行于其星下点轨迹的矩形区域内获取遥感数据,并将其存储于星载存储器中。当卫星的星下点经过地面接收站时,卫星可将存储的遥感数据下行传输至地面。任务规划要解决的问题是如何选择一组尽量优化的观测区域和观测窗口,以及确定何时以何种链路进行遥感数据下行传输。观测任务的科学性要求是在规定的时间内覆盖南极洲所需的区域,并满足数据质量要求。操作限制包括星载存储器的容量、卫星能源使用、下行链路等。

在之前的 AMM−1 任务中,采取人工方式进行任务规划。由于该项工作的复杂性,因此前后共花费了一年的时间进行任务设计。尽管在此期间经过了反复检查,但还是在最后的检查中发现存在操作冲突,不得不在最后一刻进行破坏性修订。

这一经验促成了 ASPEN−MAMM 规划器的开发和使用。该系统可以接受一组由人工选定的观测目标范围,自动考虑数据下行传输需求,并将这些观测目标和下行链路扩展为一个详细的计划,同时检查是否违反操作约束。通过该系统,地面人员在几周内制定了包含 818 个观测目标的 24 d 任务计划,极大地缩减了制定任务计划所需的工作时间。

2. RSSC 卫星任务规划系统

RSSC 卫星任务规划系统主要服务于 ESA 罗塞塔彗星探测任务,为罗塞塔探测器的科学观测计划设计提供辅助。罗塞塔探测器由 ESA 执行,目的是对一颗彗星进行探测。罗塞塔号探测器于 2004 年 3 月发射,在 10 年旅程中绕太阳转了近四圈,其中包括一次火星飞越(2007 年)和三次地球飞越(2005 年、2007 年、2009 年),以及一次 Steins(2008 年)和 Lutetia(2010 年)小行星的飞越。

RSSC 是通过对 ASPEN Scheduling 框架的改编实现的。RSSC 输入一组

XML 格式的调度规则、科学活动、观察定义、观察机会等,并从中自动生成用于调度的 ASPEN 适配数据。这意味着,在罗塞塔项目系统中,运动、指向、观察和其他约束的改变可以直接在 ASPEN 的调整中得到体现。

RSSC 使用一种基于优先级的调度算法来支持任务计划的设计。在该算法中,每个科学活动都有一个固定的优先级,分为最小、首选和最大等几个级别。RSSC 调度器依次安排每个探测任务,尽量满足各个级别的观测需求。

RSSC 调度器自 2011 年春季以来一直在持续改进,包括一系列比较重要的测试集成(2012 年 6 月、2012 年 11 月、2013 年 3 月),主要集成在 2013 年夏天完成。该系统在 2014 年初开始投入科学探测计划的辅助设计工作,在航天器接近彗星并部署着陆器之后,主轨道器伴飞科学探测阶段开始,在大约持续 9 个月的时间里,RSSC 调度器为轨道器的观测任务设计提供了有力支持。

3. MAPGEN 火星探测器任务规划系统

操作火星探测车(MER Rovers)是一项具有挑战性和时间紧迫的任务。运营团队必须每天生成一个新的计划来描述第二天的探测活动。这些计划必须遵守资源限制、安全规则和时间限制,同时还要尽可能多地实现科学任务,其中必须解决对大量的探测请求进行选择和优化的问题。为减轻地面运营团队的工作负担、提高火星探测车的任务规划效率,项目团队采用了 MAPGEN 实现这一目标。

MAPGEN 是一个混合计划系统,它采用基于自动化约束计算、冲突消解、调度和时间推理来帮助操作人员生成日常活动计划。传统上,航天器的运行规划是手工进行的,费时费力且效率低下,但完全由探测器自主进行任务决策,其面临的风险又被认为是不可接受的。因此,在 MAPGEN 中,采取人机混合式规划来解决这一问题,支持人工用户与自动化系统之间的协作,以构建高质量的活动计划。

4. CASPER 航天器板载任务规划系统

CASPER 是 NASA 开发的一套航天器任务规划系统,能够支持连续作业调度计划的执行和重新规划。该系统主要利用迭代修复方法来支持航天器的连续工作,尤其是加强了出现不可预见的扰动后对计划进行修复的能力。

传统的用于模型规划的批处理方法都有一定的弊端,尤其是对计算资源和能力的需求较大。而对航天器而言,受空间环境、功耗、质量、尺寸等限制,星载计算资源通常都比较有限,这一矛盾在进行时间尺度稍长的任务规划时尤为突出:一方面,长时间尺度的任务规划需要耗费大量的计算资源和计算时间;另一方面,在计划执行过程中不可避免地会因为故障、新目标等非预期的干扰和事件发生而对原计划进行调整,不仅对之前的计算资源投入造成了浪费,也不利于快速生成新的任务计划。

为更有效地利用计算资源,同时能够对未知变化进行快速响应,降低预测模型中普遍存在的误差影响,JPL 开发了使用连续计划技术的 CASPER 任务规划系统。CASPER 系统仿真示意图如图1.8所示。该系统有一个当前目标设置、状态和预期结果模型。其中,状态可以由随计划执行而产生的增量进行实时更新,包括简单的时间处理调整到未预期的事件等。由于在很多情况下,受干扰等影响,任务计划并不会如预期的那样进行,航天器的状态也会与模型预测结果不同,因此这种状态更新就显得尤为必要,这使得该模型能够根据场景和状态变化随时进行计划调整。

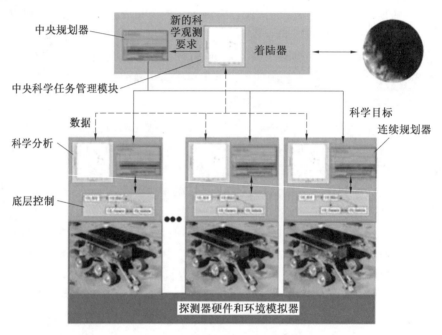

图 1.8　CASPER 系统仿真示意图

在 CASPER 任务规划系统中,使用了一种迭代修复规划方法来实现对活动计划的连续调整。该方法可以综合考虑初始状态、实时增量、任务目标调整等因素,通过不断迭代来实现连续任务规划。在此过程中,需解决冲突传播计算、约束冲突消解、任务重规划等问题。该系统及相关技术已应用于行星探测车、EO—1、南极测绘等多项空间探测任务中。

5. MISUS 航天器板载任务规划系统

多机综合科学理解系统(multi-rover integrated science understanding system,MISUS)是 NASA 开发的一种用于控制行星探测漫游车的任务规划系统,其架构由以下三个主要组件组成(图1.9)。

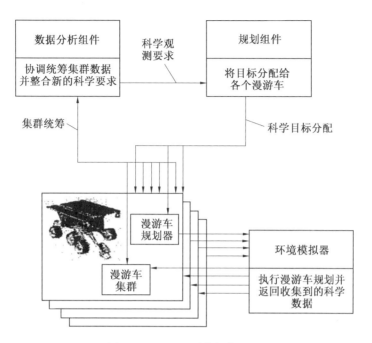

图 1.9　MISUS 系统架构图

（1）数据分析组件。

数据分析组件主要包含一个分布式机器学习系统，能够对观测数据进行无监督聚类分析，用于获取漫游车观测到的岩石类型，并能够计算其分布。该数据组件的分析结果可以引导漫游车的探测行为，对任务场景进行优化和改善。

（2）规划组件。

规划组件采用分布式结构，内置任务规划算法，能够根据输入的任务目标自动生成漫游车的操作计划。规划组件通过分布式结构，完成多台漫游车的任务统筹和科学目标分配，并在每一台漫游车上进行任务规划计算，生成具体的任务操作指令，调度分配与每个操作有关的资源集合。

（3）环境模拟器。

环境模拟器主要完成对漫游车及其所处环境的模拟。该组件需要管理多台漫游车，一般通过整合漫游车的遥测数据，实现对漫游车自身状态的模拟，同时利用已有的观测数据对漫游车周边的地质环境、气象环境等进行模拟。该组件处理所有的环境和漫游车状态数据，并模拟操作产生的影响，这些模拟信息对于产生安全可靠的漫游车的任务操作指令是非常重要的。

MISUS 系统以闭环方式运行。首先，运行数据分析组件，其可以被类比为科学家在执行并推动勘探过程。在勘探结束后，将勘探数据传输给漫游车的聚类算法，并将所有收集到的数据集成到环境模拟器的全局环境模型中进行更新，完成环境模型更新之后,再将必要的环境模型数据广播回分布式聚类器,使每一台漫游车都能获取必要的环境信息。

通过对观测数据的聚类分析,可以按照优先级优选出一组新的观测目标,然后将这些目标传送给中央规划器,通过对任务的优化求解,合理分配每台漫游车的观测目标和具体任务,并依据具体任务生成详细的指令序列。这些指令序列在执行之前,会首先通过环境模拟器进行仿真操作,以评估执行后产生的影响,这将进一步提高指令的准确性。

确定每台漫游车的观测任务和指令序列之后,漫游车按照指令进行操作,产生具体的实际动作,在底层控制逻辑的驱动之下,尽可能多地实现其分配的目标。通过这些指令和动作的执行,漫游车会产生新的观测数据,再对新的数据进行分析、集中并分发给漫游车集群,进而生成新的观测任务。整个循环一直持续到收集到足够的信息以完成观测任务。

1.3.7 NASA 应用人工智能典型成果

1.基于深度学习的天文图像分析

2017 年 12 月 14 日,NASA 宣布用开普勒(Kepler)探测器发现了第二个"太阳系"(图 1.10),其中采用了 Google 提供的人工智能(AI)模型对探测器拍摄的天文图像进行分析。科学家用开普勒望远镜之前观测到并且 NASA 已经标记了的 1.5 万个恒星数据训练 AI,得到一个卷积神经网络(convolutional neural networks,CNN)。测试结果显示,AI 判别行星的准确率高达 96%。

图 1.10　第二个"太阳系"

然后,研究人员把 2009—2013 年观测到的 670 颗恒星的数据集交给 AI 识别。AI 给出了它认为这两个星系存在地外行星高可能性的答案。AI 的识别结果经过研究人员的验证,确认了两颗新的行星,从而发现了这个新的"太阳系"。

2. 基于深度学习的遥感卫星图像分析

深度学习算法被证明能够帮助先前不具备图像分析经验的人员找到散布在中国东南某地区近 9 万 km² 区域内的地对空导弹发射场(图 1.11)。这种基于深度神经网络的人工智能可媲美人类图像分析专家,在定位导弹发射场时取得 90% 的总体准确率。同时,深度学习软件帮助人们把找出潜在导弹发射场的时间从 60 h 缩短至仅 42 min。

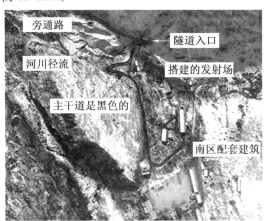

图 1.11 遥感卫星图例

对军事目标进行深度学习的最大困难是样本量不足。例如,NASA 利用约 90 个得到确认的导弹发射基地样本来训练人工智能时,为绕过训练数据集极其有限这一问题,对原始图像进行了数据增广,把 90 多个训练样本转化成 89.3 万个训练样本。

3. 航天器的完全自主运行

在探测器自主技术和自主规划系统建模方面,国外许多研究机构已经做了长时间的研究,并且有了相当数量的技术储备。其中最突出的是 NASA,它在这方面投入了很多的人力和物力,同时也取得了丰厚的回报。

初期的自主性只是体现在某些子系统中。例如,美国 1997 年发射的土星探测器 Cassini 具有一定的自主性,其星上计算机能够自主进行 12 个仪器包的控制、探测器的定向、热环境的控制、数据存储及通信。1996 年发射、2000 年与爱神号小行星交会的 NEAR 是美国"发现计划"中的第一次任务,它要求有适当的星上自主来对故障情况做出反应和保护探测器的安全。例如,星上计算太阳、地球、小行星及探测器的位置使探测器能够自动地根据科学任务和下传数据的操作要求来调整探测器的姿态。虽然这些探测器不是完全自主的,但自主技术的应用可以在一定程度上减少任务的操作费用,充分利用了上传下传带宽,提高了探测器的安全性。

真正的全局自主是在 NASA"新千禧计划"中提出的,并在 DS-1 飞行中得到了成功的验证。其中,完成自主功能的探测器软件是被称为远程智能体(remote agent)的软件系统。它由规划调度模块、智能执行模块、模式识别和故障诊断模块组成,可以不需要地面干预而自主地根据情况产生规划,消除资源的约束和时间上的冲突,智能地执行规划,并对探测器的健康状况进行监测,在故障发生时进行识别、分离和恢复。该技术虽然只进行了一周的飞行验证,但它的应用大大减少了 DS-1 的操作费用,增加了其可靠性和交互性。

2004 年 3 月 2 日,ESA 成功发射了罗塞塔彗星探测器。2014 年 11 月 13 日凌晨,在经历了长达 7 h 的漫长等待后,由罗塞塔彗星探测器释放的"菲莱"着陆器成功登陆 67P/楚留莫夫-格拉希门克(67P/Churyumov-Gerasimenko)彗星。2016 年 9 月 30 日,罗塞塔彗星探测器撞向 67P/楚留莫夫-格拉希门克彗星,与地面失去联系,正式结束了长达 12 年的"追星"之旅。罗塞塔彗星探测器用 10 年时间飞抵一颗名为丘里亚莫夫-格拉西缅科的彗星。罗塞塔彗星探测器是人类首个近距离绕彗星运行,进而施放登陆器在彗星表面着陆的探测器,该探测器和携带的着陆器均采用了自主技术。其中,自主飞行软件使探测器在远离地球(通信延迟 1 h)时能够自主进行决策和控制探测器正确运行。

NASA 的火星探测器已经配备部分人工智能技术,这使得某些决策变得独立。由于距离太远,因此探测器与地球之间的交流可能至少需要 20 min 以上的时间,独立决策的重要性就更加凸显。最著名的例子之一就是"勇气号"火星探测车的自动瞄准系统,其可以引导自身的相机和激光器直接对准系统认为值得检验的岩石和其他对象。

NASA 在 2003 年开始运营的 EO-1 卫星上使用了 AI 技术,该 AI 的具体名称为 ASE,能自行在地球表面寻找有价值的事件,如火山爆发,从而比在陆地上工作的人类更快地发出预警。

NASA 后续的深空无人探测器将具备越来越多的 AI 能力(图 1.12),它将能自己挑选航行轨道,自己拍摄照片,在没有人类帮助的情况下,自己向一个遥远星球的表面发送探测器,或执行这样一项太空任务:在没有人类工程师"坐镇"地球进行操控的情况下,自行搭上彗星的"便车",扫描天空并从上百万个位置中挑选出最有价值的目标。

4. 火星车漫游车无人驾驶

2017 年 11 月 28 日,NASA 公布全新一代火星漫游车"火星 2020"项目,其中包括"毅力号"火星车和"机智号"无人直升机。"火星 2020"项目计划于世界标准时间 2020 年 7 月 30 日 19:50 发射,于美国东部时间 2021 年 2 月 18 日 15:55 降落在火星的耶泽罗撞击坑上。"火星 2020"火星登陆效果图如图 1.13 所示。"毅

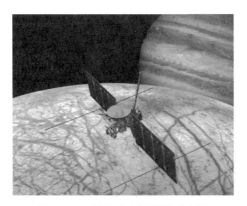

图 1.12　深空无人探测器示意图

力号"的外观与"勇气号"大致相同,携带 7 种科学仪器、23 个摄像头、2 个麦克风,任务计划是探测耶泽罗撞击坑附近的火星表面。"毅力号"还携带了一台名为"机智号"的无人直升机,配合"毅力号"进行科学研究。这些仪器设备能够帮助漫游车自主避障和自主目标确定。此外,该探测车不仅可以自主确定目标,而且还会选择最佳的扫描方案,为研究人员获取相关信息。项目指出如果能提前完成任务,"火星 2020"探测车甚至可以改变其任务的日程安排表,让科学家能够掌握更多任务之外的信息。

图 1.13　"火星 2020"火星登陆效果图

此外,NASA 还向火星发射了一颗名为"洞察号"(Insight)的火星地球物理探测器,它的机身设计继承先前的"凤凰号"探测器,着陆火星之后在火星表面安装了一个地震仪,并使用钻头在火星上钻出了迄今为止最深的孔洞,以此进行火星内部的热状态考察。2018 年 5 月 5 日 4:05,搭载"洞察号"火星探测器的"宇宙神"V－401 型火箭从位于加利福尼亚中部的范登堡空军基地 3 号发射台发射升空。11 月 26 日 14:54,"洞察号"无人探测器在火星成功着陆,执行人类首次探究火星"内心深处"奥秘的任务。2022 年 6 月 22 日,NASA"洞察号"火星着陆器团队改变了计划,决定使该着陆器的地震仪运行更长时间,但也将因此而更早地耗尽电力。"洞察号"飞船(包括巡航运载器和着陆器)由洛克希德·马丁(Lockheed Martin)公司承担设计、建造和测试工作。火星"洞察号"探测车的航空电子系统以VxWorks为基础,其飞行软件以C语言和C++语言编写,运行在VxWorks之上,在整个任务的各个阶段都将承担监控太空船的姿态和健康状况的工作,以便及时进行故障检测和维修(图1.14)。此外,该系统还会不断检测命令的有效性,以便完成通信功能并控制飞船的活动。VxWorks运行在抗辐射型BAE RAD 750(PowerPC)处理器上,运行主频为115.5 MHz。

图1.14　故障检测和维修过程

在"洞察号"的进入、下降和着陆(EDL)操作中,着陆器通过特高频无线电波(UHF)段向NASA/JPL火星轨道侦察飞行器(MRO)发射信息。MRO使用X波段的无线电波向地球转发EDL信息。MRO是VxWorks获胜的另一个设计项目,对于保障NASA/JPL在执行火星探测任务中的通信至关重要(图1.15)。

图1.15　NASA/JPL火星轨道侦察飞行器(MRO)

5. COMSoL综合系统健康管理

COMSoL综合系统健康管理(integrated system health management)软件

的第一个版本于 2003 年在 NASA 艾姆斯研究中心（Ames Research Center）被开发出来，并用以监视一种新型固液混合火箭发动机试车台的工作状态。传统上，这将以建立模型和运行模拟程的方法来实现。但 NASA 研发了感应监测系统（inductive monitoring system，IMS）来收集并自动分析监测数据。

IMS 通过传感器测量温度、压力、燃油流量、电压及系统里其他重要的数据后，挖掘其中的数据关系并建立一个正常行为的基线。未来任何不符合基线的数据均可以用来预警异常情况或即将发生的故障。相比之下，工程师或操作人员最多只能理解 5～7 种数据类型之间的相互作用。然而，数百个不同数据之间的关系对于像 IMS 这样的数据挖掘软件来说一目了然。

截至 2012 年，该软件已应用于 NASA 的十几个项目中。现在它被集成到肯尼迪航天中心（Kennedy Space Center）的发射控制系统，用于监控国际空间站中确保饮水安全的碳分析仪。当猎户座乘员舱在 2014 年 12 月首次试飞时，此软件监控着这个新飞船的电气系统。IMS 也应用于对 F－18 战斗机和黑鹰直升机发动机的监测。

2012 年，CEMSol 公司获得了 NASA 的授权，用来开发 IMS 衍生的集成系统健康管理的软件。此软件分为两个软件包：一个作为一个桌面应用程序；另一个作为软件开发人员的套件。桌面应用程序输入记录下的数据集并进行分析，标出不正常的偏差值；软件开发人员的套件则能够实时监控系统，它是一个函数库，程序员可以选择执行任何一个他们想要的系统检测分析功能。2014 年，该公司开始销售这款健康监测软件。

2014 年，CEMSol 与艾姆斯研究中心和洛克希德·马丁公司联手，尝试在 C－130"大力神"军用运输机上安装系统健康监控软件。在启动期间，该型飞机负责转换发动机之间空气流动的排气阀经常存在问题。从 16 架飞机内取得的四个年份的数据（包括启动系统时的故障数据集）被输进程序后，它就能够在故障发生之前的三次启动过程中预测到启动问题。洛克希德·马丁公司在测试中投入了 70 000 美元，然而维护和任务延迟的成本降低量达到了该数字的 10 倍。它能够在系统失效前提前给出预警信号，即使是非常微弱的迹象也能够被该系统捕捉到。

1.4　本章小结

本章首先介绍了一些典型的自主航天系统，分别具有自主故障检测和诊断功能，自主导航和自主远程决策功能，自动检测和响应任务功能，卫星编队主星在轨任务规划、分配、调度与执行功能；然后介绍了一些典型的任务规划系统，有卫星地面任务规划系统、火星探测器地面任务规划系统、卫星星载任务规划系统、火星探测器板载任务规划系统四类，星载版本基本都是由地面版本进化而来的；最后介绍了一些 NASA 近期开发前沿技术在航天领域的应用，如基于深度学习的天文图像分析、深度学习遥感卫星图像分析、航天器完全自主运行、火星漫游车无人驾驶和 COMSoL 综合系统健康管理。由这三部分内容的介绍可以得出结论：国外对于航天领域的自主化技术一直都有着足够的重视，并且发展过程也是由传统方法向前沿方法过渡，由地面规划指令上注向星上自主运行过渡。未来应用人工智能的新兴算法实现航天器自主运行是重要的发展趋势。同时，结合航天器的任务背景，尤其是深空探测通信延迟大、任务不可预见性强等任务特点，自主化在最初发展阶段就是研发人员关注的重点。

根据上述对航天器自主化领域的国内外调研可以看出，国外航天领域的自主化技术发展起步较早，也比较全面。国内的相关技术水平目前看来已经具备的主要是地面任务规划能力，星载自主规划能力还在研究和推进过程中。

第 2 章

航天器任务规划问题的特点分析

2.1 航天器任务规划问题的总体分析

人们希望航天器在遥远的星空中能够自主运行,即在星上软件的控制下,根据航天器自身的状态、周围的环境和地面任务要求,形成完成任务的规划序列,并分发给航天器的各个子系统来执行,检测航天器每个子系统的状态和故障情况,在发生故障时能够进行修复。航天器规划的产生是由任务规划系统实现的。在传统的观测方式中,需要大量航天器设计工程师和有效载荷设计工程师与航天器的用户合作,根据用户需求和航天器的各种约束条件,制订出合理的飞行计划,这需要消耗大量的人力和物力。因此,有必要改进这种传统的飞行计划制订方式,提高航天器自主化水平。自主任务规划技术在航天器中的应用有助于更有效地利用航天器有效载荷,减轻对地面观测站的要求,提高完成飞行任务的机会。

根据航天器的实际管控需求,可以将航天器任务规划问题分为三种不同类型:航天器平台任务规划、载荷任务筹划和载荷任务规划。一般而言,可以认为航天器平台任务规划主要针对航天器平台操作相关的轨道控制、姿态控制、电源管理、热控管理、通信管理等问题进行研究;载荷任务筹划主要针对航天器主载荷的操作要求进行研究,如针对遥感类载荷,需明确不同观测任务所需要的载荷类型、分辨率、时效性等要求;载荷任务规划则是依据载荷任务的具体需求,制定具体的载荷工作计划。三种不同的问题有其各自的特点,一般需要通过不同的技术手段求解。

2.2　平台任务规划问题简析

对航天器自主运行能力而言,首先要解决航天器平台任务规划问题,即需要明确航天器需要在何时进行轨道操作、进行何种轨道操作(如定轨、轨道保持、轨道修正等)、姿态如何调整和控制、电力资源如何分配、热控如何管理、生成怎样的具体的操作指令等。

探测器系统是一个包括时间和资源信息等多种约束的复杂系统。探测器模型是智能规划和调度系统的知识库,所有关于探测器的知识都包含其中。探测器模型由探测器系统构成、探测器分系统功能、探测器功能约束条件、探测器资源等组成。在探测器模型中,探测器被划分成许多分系统,每个分系统用一组特征变量描述,各特征变量都有一组功能取值。分系统的所有特征变量在某一个时刻的取值联合在一起能够对分系统进行完整的描述。功能取值由探测器的各种特性约束,包括协同限制、准备工作要求(前处理)、后续工作要求(后效)、资源约束、健康状态约束、执行时间约束等,所有约束条件组成功能模型,功能模型加上资源描述构成探测器模型。

规划系统工作时,从探测器模型中调用探测器知识,计算探测器资源和运行环境,对飞行任务进行排序,利用各种算法和启发知识分配资源,将飞行任务分解成飞行计划。

就航天器平台任务规划问题来说,需要首先保证航天器的安全稳定运行。可用的资源主要是各种星载敏感器、执行器、科学载荷、燃料、能源、存储资源等,其中包括对航天器进行必要的轨道测量、保持、修正,以及确保航天器的姿态稳定、指向精准。另外,还有电源、热控、通信等分系统的稳定运行等。

在确保平台安全稳定运行的前提下,平台任务规划过程中还应考虑主载荷的任务需求,尽量满足用户提交的各种载荷任务对航天器平台操作的需求。例如,对观测类载荷,平台任务规划需要尽量提供合适的平台姿态、预留充足的电力资源、保障主载荷的热环境等。但总而言之,航天器平台任务规划的重点不是所携带的主载荷如何工作,而是要确保整个航天器平台的安全运行,在此基础上对主载荷的任务进行兼顾协调。

2.3　航天器载荷任务筹划及决策问题特点

航天器载荷任务筹划主要针对航天器主载荷的操作要求进行研究。例如，针对遥感类载荷，需明确不同观测任务所需要的载荷类型、分辨率、时效性等要求。载荷任务筹划一般可看作在载荷任务规划前进行的工作。

航天器任务筹划是航天器任务规划和资源调度的重要前提和依据。以遥感类任务为例，其一般过程为基于目标形态、地理位置、气象条件等航天综合场景信息因素，合理确定航天器载荷类型、图像分辨率、载荷工作模式、任务优先级、信息时效性等任务属性要求。

实现任务属性的自主配置和决策是实现航天器自主运行的必要环节。但相较于航天器自主运行领域的其他方面，目前有关卫星任务筹划这一问题的研究较为缺乏。长期以来，传统的卫星任务筹划过程通常依赖航天领域专家的经验认知和推理判断。而随着国防安全、经济发展等各领域对航天信息依赖程度的越来越高，依靠人工进行卫星任务筹划决策过程存在的处理效率低、耗费时间长、人才资源匮乏等弊端日益突显，难以满足未来航天信息综合应用与服务的保障需求，也给实现航天器任务属性的自主配置和决策提出了更加迫切的要求。

2.3.1　任务属性配置问题要素

属性配置问题的概念应用非常广泛，能与不同的专业领域相结合，并呈现出不同的特色，如国土资源的配置、大型工程造价的配置、通信领域基站的配置、军事作战中的后勤地域配置，以及航天测控资源的配置、航天型号项目管理中的组合配置等。配置优化问题涉及的领域十分广泛，但其问题的本质是一致的。常规的配置问题通常都包括以下几个方面的要素。

（1）资源属性。

资源属性是指需要配置的资源数量、属性、条件等。对于卫星任务筹划问题而言，资源属性一般包括卫星数量、轨道分布、载荷类型以及性能参数、平台运行约束条件、载荷工作约束条件等，通常以输入参数或约束条件的形式参与载荷任务筹划求解。

（2）配置目标。

配置目标即配置方案需要达到的最终目的和要求，具体表现为需要确定配置方案结果的具体表现形式。在问题求解过程中，考虑如何建立正确有效的目标模型是解决配置问题的核心关键。就常见的遥感卫星任务筹划来说，配置目标一般要满足覆盖或重访能力、图像分辨率、信息获取时效性等要求。

（3）配置方法。

配置方法即用什么方法解决配置问题。求解配置问题时通常需要选择合适的算法，并根据具体的问题对算法进行相应的修改调整，或重新建立一种新的求解算法。算法的选择和设计是求解配置问题的关键，其决定了配置结果的准确性、可靠性和稳定性。传统上，这部分工作多由操作人员凭借经验人工完成，也可用专家系统等方法进行计算机求解，近年来也有学者通过强化学习等人工智能技术进行求解。

2.3.2　航天器载荷任务筹划的难点

基于常规属性配置问题，结合航天器任务基本特点，航天器任务筹划及决策问题除具备上述一般特色外，通常还具有以下特征。

（1）航天专家的感性经验和抽象知识表征困难。

由于航天器任务筹划环节长期以来依赖地面工作人员进行逐项配置，因此对专业知识和工作经验要求较高。其存在样本范例难搜集、人类决策思维复杂且难以用数学模型准确表征等问题，这给航天器任务筹划及决策模型的建立提出了更高的要求。

（2）任务属性要素间复杂关联规则及内隐机理提取困难。

对于求解航天器任务筹划及决策问题，存在实现抽象任务的自主精准决策与内隐机理演绎复杂性的矛盾。其本质是对任务属性要素间的复杂关联规则及内隐机理的提取，也是设计航天器任务筹划及决策算法的难点和关键。其决定了配置结果的准确性和可靠性。

2.4　载荷任务规划问题特点

载荷的自主运行可以分为两个层次的要求：一是自主确定观测目标的执行载荷类型和观测参数（如分辨率、观测模式、光照要求等）；二是在此基础上，依据轨道及资源情况，自主生成载荷工作计划，包括开关机时间、数传时间等。上一节的载荷任务筹划针对的是第一个层次的要求，本节的载荷任务规划主要解决第二个层次的要求，即载荷任务规划则是以任务筹划的结果作为输入，依据载荷任务的具体需求，制定具体的载荷工作计划。

在早期的航天观测任务中，载荷的任务规划工作是由地面操作人员人工完成的。在卫星数量较少、载荷任务较为单一的情况下，明确任务需求之后，可以通过手工计算和分析，完成轨道递推、时间窗口获取、约束冲突检查、载荷开关机时间优化等一系列工作。但显而易见，人工完成上述计算和分析是比较耗时费力的，尤其是当卫星数量和载荷任务需求增加之后,手工完成这一工作就变得尤为困难。

随着航天事业的发展与进步,我国在轨运行和规划研制的观测卫星数量种类越来越多,依靠传统的人工进行任务规划的方法非常困难且易出现疏漏,不利于充分发挥卫星观测资源的能力,难以保障日益增长的航天观测任务需求。与此同时,由于偶发目标和各种不确定性因素的存在,对观测卫星自主运行能力的需求逐渐强烈,因此研究面向载荷自主任务规划方法可以减少对地面站点的依赖,提高卫星管理水平和卫星观测数据质量,提高观测任务的执行效率。

具有自主任务规划能力的卫星,通过实现对任务载荷的自主规划,充分发挥不同载荷的特点和能力。在卫星自主任务规划问题中,需要系统进行协作的任务主要是非预期观测任务,可用的资源主要是各种星载遥感器及星载相关设备等。任务规划的目标就是针对系统中的多种星载遥感器和不同观测需求,通过自主分配,生成一个满足相关目标函数的最优任务分配方案来有效地完成复杂的观测任务。

但是,这一问题目前并没有得到很好的解决,这主要是载荷自主运行任务规划本身的复杂性造成的。该问题是一个复杂的实时离散事件动态系统(discrete event dynamic system,DEDS),其本质是含有复杂约束的多资源、大规模优化问题。首先,从问题的复杂度上说,该问题是一类 NP 完全问题,不可避免地受到组合优化问题的困扰,找到优化解的搜索空间随问题输入规模呈指数增长。其次,与一般资源规划调度问题(如 job-shop、flow-shop 等问题)相比,载荷自主任务规划问题更复杂,规模更大,各种类型的资源、任务、事件、约束和过程的描述更加困难,且要求规划系统能够自主运行,给该问题的求解提出了严峻挑战。该问题的复杂性主要体现在以下几个方面。

① 约束条件复杂。例如,有效载荷对目标的观测涉及时间窗口、太阳高度角、平台机动能力、星载存储资源、电力供应等多种约束条件制约;不同载荷与平台之间的能力和特点存在差异;不同目标对观测服务的要求多样;与观测任务优先级相关的约束条件复杂多样;等等。

② 观测任务优先级 / 收益评价的复杂性。当有多个观测目标争夺观测卫星资源时,应优先保证优先级 / 收益高的任务按时完成,同时兼顾各观测任务的服务柔性。但观测任务优先级 / 收益评价十分复杂,观测目标类型、数据时效性、卫星和载荷的种类、观测时间等都会对优先级 / 收益评价产生影响。

③ 观测方案的评价体系复杂。对观测方案的评价要考虑诸多因素,如观测数据的时效性、不同太阳高度角对观测质量的影响等。依据不同的需要和不同的标准,有多种评价方法,如最大能支持的观测任务数量、最优的观测质量、各观测资源均衡使用等。由于上述原因,目前应用的模型和算法存在较多局限性,因此对该问题进行深入研究具有重要的理论意义和实际价值。

第 3 章

航天器平台自主规划问题的求解模型设计

　　航天器平台任务规划主要针对平台的轨道控制、姿态控制、电源管理、热控管理、通信管理等问题进行研究,其中涉及航天器的轨道动力学与运动学、姿态动力学与运动学、电学、热力学、控制论、任务规划与优化等多领域的专业知识。本章重点针对其中的任务规划问题进行介绍。

　　智能规划(AI planning)是人工智能领域的一个经典问题,它是指在给定问题的初始状态、目标状态以及与问题相关的一组动作集合的前提下,自动求解从初始状态转化到目标状态的动作序列的过程。近年来,智能规划的研究在规划领域的描述语言和问题求解方法两方面都有长足的进步。在规划领域的描述方面,主要的描述语言有 STRIPS(Stanford research institute problem solver)、ADL(action description language),以及涵盖 STRIPS 和 ADL 表达能力的规划领域描述语言(planning domain definition language,PDDL) 等。PDDL 的提出和发展使智能规划的研究进入一个新的发展阶段,随着规划需求的不断扩展和深入,PDDL 的描述能力也得到了进一步的拓展(如 PDDL 2.1、PDDL 2.2、PDDL 3.0),使其描述的规划问题更接近于实际应用问题。在求解策略上,目前主要有图规划、启发式的状态空间探测规划、基于约束可满足性的规划、分层任务网络规划、基于群体智能的规划等求解方法,这些典型的规划求解方法使规划系统的求解效率和规划解的质量有了大幅度的改善。

3.1　航天器平台自主任务规划问题描述

　　人们希望航天器在遥远的星空中能够自主运行,即在星上软件的控制下,根据航天器自身的状态、周围的环境和地面任务要求,形成完成任务的规划序列,并分发给航天器的各个子系统来执行,检测航天器每个子系统的状态和故障情况,在发生故障时能够进行修复。航天器规划的产生是由任务规划系统实现的。它对传统人工规划的方式进行了改进,自动快速地分析考虑了各种约束条件,并直接生成可行合理的任务计划,提高了航天器的自主化水平。自主任务规划技术在航天器中的应用有助于更有效地利用航天器有效载荷,减轻对地面测控站的要求,提高完成飞行任务的机会。

3.1.1　一般规划问题

规划作为 AI 的一个研究领域,已有 40 多年的历史。它主要关心的是如何设计算法,使得系统通过计算,综合得出执行后便可以达到期望目标的活动序列(规划)。规划技术包括活动和世界模型的描述、活动影响的推理、有效搜索可能规划空间技术等。规划技术已经应用到许多任务自动化领域中,包括机器人控制、过程规划、信息收集、交通规划、分子遗传学中的试验规划和航天器任务排序等。

根据规划问题自身的特点,通常至少包括三个部分:初始状态、目标状态和动作。初始状态和目标状态是规划问题的起点和终点,动作是由初始状态到达目标状态的一系列可以执行的动作。初始状态和目标状态属于状态的描述,一般可以用一阶逻辑或命题逻辑来表示。动作(又称操作)主要包括三部分:动作名称、动作前件和动作后件。有时还需要考虑花费情况,即考虑动作的开销(cost)或占用资源的情况等。根据 Malik Ghallab 等的观点,可以给出一般规划问题的定义。

定义 3.1　一个规划问题可以描述为一个三元组:〈init, goal, O〉。其中,init 是初始状态文字的集合,即初始世界状态;goal 是目标状态文字的集合,即目标状态;O 是规划操作(动作)的集合,又称领域模型。

定义 3.2　如果 $\varphi = \langle \mathrm{init, goal}, O \rangle$ 是一个规划问题,则活动序列 $\varPi$ 是规划问题 φ 的一个解,其中:

(1)规划系统的状态变化序列为 $\{s_1, \cdots, s_n\}$;

(2)每相邻两个状态(s_{i-1}, s_i)之间对应一个活动 Δi,该活动的前提包含于s_{i-1},结果包含于s_i;

(3)init 与 s_1 一致,goal 与 s_n 一致。

一般情况下,对于经典规划问题(classical planning),大多做以下假设:

(1)规划是动作的序列;

(2)动作的执行前件是确定的;

(3)动作的执行后件(效果)是确定的。

例如,地图着色问题、积木世界问题等都是经典的规划问题。但是对于现实世界的规划问题,实际上往往并不能满足上述条件,因此许多研究者正在研究放宽此假定,研究在环境不断变化情况下的规划问题,不满足此假定的规划问题可称为"非经典的规划"(nonclassical-planning),航天器任务规划系统正是这样一类问题。

3.1.2　平台自主任务规划问题及规划目标

航天器是由多个子系统组成的复杂系统。通常航天器由姿态控制、轨道控制、导航、热控、有效载荷、数传、星务管理等分系统组成。各分系统的功能如下:姿态控制分系统进行姿态捕获,控制航天器姿态;轨道控制分系统通过拍摄的星图等手段测量航天器的位置,进行轨道计算和轨道维持;导航分系统确定航天器当前位置和速度,并计算未来的轨道、着陆点及机动条件;热控分系统测量航天器各监控点的温度,并按需求进行温度调节;有效载荷分系统是获取探测数据的分系统,其有效载荷特性决定了航天器任务的种类,航天器上也可能有多个有效载荷,具有多种探测手段;数传分系统负责数据管理和传输;星务管理分系统负责整星任务管理。

航天器系统是一个有机整体,各个分系统必须相互协同,才能有效地完成任务。例如,有效载荷工作时会对姿态指向提出一定要求,同时需占用一定的星上资源,这需要航天器任务规划系统综合考虑。

航天器飞行过程中进行的任务规划可以简单地理解为确定飞行任务目标,并根据飞行任务目标制定控制航天器运行的指令序列。对航天器来说,一旦投入使用,所有航天器上活动都必须在计算速度、存储器空间、电源等资源环境固定的条件下进行,而且多数情况下不可能对系统进行资源扩充。在这种资源一定的情况下,航天器的任务规划就可以归结到典型的资源受限的规划与调度问题。下面涉及的航天器任务规划与调度的概念和算法就是在此基础上进行论述的。航天器任务规划问题是动态的,其动态特性是飞行任务目标的可变性、状态信息的不完整、不可预见的干扰等特性造成的。

根据航天领域的特点,可以给出航天器任务规划系统的形式化定义。

定义 3.3　航天器任务规划问题 Φ 用一个五元组描述,即

$$\Phi = \langle P, A_{i=1,\cdots,n}, C, I, G \rangle \tag{3.1}$$

式中,P 为系统当前的规划,$P = \{a_1, a_2, \cdots, a_n\}$,其包括一系列有序活动集合,其中 $a_i \in A$,初始规划记为 P_0,大部分情况下是空规划,最终规划是 P_f,即满足各种约束并可以达到目标的活动序列;A 为可以选择的活动集合,在活动的定义中包括了活动的前提条件和后置条件(即前件和后件);C 为规划问题中的约束条件;I 为规划问题的初始状态;G 为规划问题的目标。

给定这样一个规划问题,下一步任务就是根据目标要求和系统初始状态找到规划问题的解,即找到一组有序活动,使其满足所有约束,并且在执行以后能够达到所要求的目标状态。

定义 3.4　规划问题 $\Phi = \langle P, A_{i=1,\cdots,n}, C, I, G \rangle$ 的解是一个 n 元组 $P^s = \{ST_1^s, ST_2^s, \cdots, ST_n^s\}$。其中,$ST_i^s = \{a_{i1}^s, \cdots, a_{im_i}^s\}$,且满足:

(1) $a_{ij}^s \in A_i$,$i = 1, \cdots, m_i$,$j = 1, \cdots, n$;

(2) $\forall i, j$,a_{ij}^s 均满足 C 中所有的约束;

(3) 活动的执行最终结果状态集合包含目标集 G。

规划问题所有解的集合定义为 Γ_P。

本书讨论的航天器任务规划问题目标是:在不违反多种约束的条件下,根据工程需要选定某一优化目标(如使活动序列的总执行时间最短)。为简化建模问题,设计活动时可以考虑进行适当假设,例如:

(1) 活动是不可分离的,即一项活动一旦开始,就必须一直进行到完成,中途不许中断;

(2) 允许活动因资源冲突而等待;

(3) 在某活动的进行过程中,系统所获得的资源是恒定的,活动所需的资源也是恒定的。

假设设计过程包括 n 个设计活动,$n \in A$。系统可获得 m 种资源,每种资源的数量已给定。增加两个虚拟节点 0 和 $n+1$,分别表示其初始状态和终端状态,则此航天器任务规划问题目标可用数学模型表示为

$$\min f_{n+1} \tag{3.2}$$

其满足

$$f_{n+1} \geqslant f_i, \quad \forall i \in A \tag{3.3}$$

$$f_j - f_i \geqslant C_{ij} + d_i, \quad (i, j) \in H \tag{3.4}$$

$$\sum r_{ik}(t) \leqslant R_k(t), \quad t = f_i, i \in A, k = 1, \cdots, m \tag{3.5}$$

式中,f_i 为活动 i 的完成时间;C_{ij} 为活动 i 与活动 j 之间的约束间隔时间;d_i 为活动 i 的进行时间;H 为具有先后次序的活动对的集合 $(i < j)$,即规划结果;$r_{ik}(t)$ 为活动 i 在 t 时刻对资源 k 的需求量;$R_k(t)$ 为 t 时刻系统可获得的资源 k 的总数量。式(3.2)是规划问题的目标函数,式(3.3)说明活动 $n+1$ 是设计过程中最后结束的活动,式(3.4)表示活动间的信息依赖关系和时序关系,式(3.5)表明活动间的资源约束关系。

3.1.3　规划系统动态模型

对于一个规划系统,可以用下面的方式进行形式化描述。将所要规划出的

活动序列执行的环境看作一个动态系统,系统瞬时描述称为系统的状态。S 是一个有限状态集合,A 表示一个有限的可执行活动集合。状态由状态变量组成的向量描述,每一个状态变量表示可随时间变化的系统在某些方面的特性。这样,动态系统可以表示为确定的、非确定的或随机的有限状态机。在确定的有限状态机的情况下,动态系统由一个状态转移函数 f 来定义,f 接收一个状态 $s_t \in S$ 和一个活动 $a_t \in A$,返回下一个状态 $f(s_t, a_t) = s_{t+1} \in S$。

如果有 N 个状态变量,每一个变量可以取两个以上的值,则有多达 $2N$ 个状态和 N 维的状态转移函数,通常假定 t 时刻每个状态变量只依赖于 $t-1$ 时刻很少一部分状态变量(最多 M 个)。在这样假设条件下,状态转移函数 f 可以因式分解为 N 个函数,每一个的维数至多为 M。因此,状态转移函数可以表示为

$$f(s,a) = \langle g_1(s,a), g_2(s,a), \cdots, g_N(s,a) \rangle \tag{3.6}$$

式中,$g_i(s,a)$ 代表第 i 个状态变量。

大多数情况下,规划在某一时刻构建,然后执行。状态转移函数将动态系统状态变化建模为由规划执行器执行的一系列活动,同样也希望能够了解规划执行器获得的信息。规划执行器可以观测动态系统的状态或部分状态信息,或是当前时刻的状态信息。假定有一组可能观测 O,且 t 时刻提供给规划执行器的信息是由当前状态和输出函数 $h: S \rightarrow O$ 是确定的,因此 $h(s_t) = o_t$。同时,假定规划执行器有一个时钟并且能够确定当前的时间 t,则一个动态系统可以由图 3.1 所示的规划系统动态模型框图表示。

图 3.1 中,Γ 指规划器,输入为当前观测值 o_t,输出为当前的规划 π_t。规划器不必在每一个状态转移产生一个新规划,如果需要,它可以保持以前的历史观测。规划执行器标为 Ψ,它的输入是当前的观测 o_t 和当前的规划 π_t,输出是当前的活动 a_t。

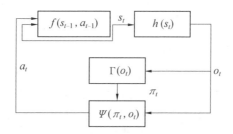

图 3.1　规划系统动态模型框图

基于状态和活动的规划系统可以用 STRIPS 语言进行描述,并应用于一些游戏系统中,如积木世界问题。但对于航天器这样复杂的实际系统,这种方法还存在很多缺陷。例如,它不能表示活动的时间信息、活动执行所用的资源等。因此,设计和实现一种适合航天器规划领域的知识模型是非常必要的。

3.1.4　平台自主任务规划中的关键问题

对于典型的规划问题,在求解过程中,一般使用所谓的"目的手段"分析法(means-ends analysis),逐步比较并且设法缩小当前状态与目标状态之间的差别,最后达到目标状态;或者使用简化问题目标的方法,把目标不断分解成较为容易解决的子目标,逐步搜索、确定出操作序列。但是对于实际的规划问题,上述方法在求解能力上都存在一定的缺陷,如处理时间信息、资源约束等方面。因此,对于像航天器这样的实际系统,规划求解还需要解决以下几个关键问题。

(1) 规划知识表示问题。

关于规划问题,在知识表达上必须寻求表达能力更强大的知识表示方式,设计更加全面反映现实问题的描述语言。目前规划描述语言对有些问题不能全面描述,甚至有些问题根本无法描述。因此,要想解决此类现实问题,必须重新设计新的问题描述语言。目前解决现实问题大多都是针对某一特定的问题设计合适的描述系统。知识描述系统要尽量达到三个目标:提高领域知识的利用率;缩小问题空间;减少规划空间。

(2) 搜索问题。

搜索问题即发现、确定能够到达目标状态的操作序列的过程。当各种可能序列的数目极大,且其中大多数都不能达到目标状态时,搜索过程中的计算量可能随着操作数呈指数增长,称为"组合爆炸"问题。因此,在规划过程中常常采用各种启发式信息来限制搜索的工作量。

(3) 子目标冲突问题。当存在若干合取子目标,即规划问题要满足一个以上的条件时,由于各个子目标的完成次序并没有指定,而且常常某个子目标的实现可能会破坏另一个子目标的实现,因此如何确定、解决这类冲突有时是解决规划问题的关键。

(4) 时间信息处理问题。

传统的规划方法均将规划过程中的时间信息进行了简化假设,采用离散时间模型,并认为活动执行不需要时间(瞬时完成)。但实际的规划系统中时间是连续的,并且每个活动执行都需要一定的时间,因此在实际的规划系统中必须考虑时间及时间约束的处理方法。

知识表示是一般问题求解方法的共同问题。时间信息处理问题在规划过程中有其自身的特点,时间信息和时间约束动态变化,造成了规划过程中计算量的增加。搜索问题在规划过程中,它与"冲突"消解(conflict conquer)问题密切相关。合取子目标的解决次序、规划过程中变量的绑定(分配)等关键点如果过早确定,可能造成规划的失败,因此不得不回溯到原来的某个选择点,这会导致搜索工作量大幅度增加。

3.2 航天器平台自主任务规划知识描述方法

3.2.1 平台自主任务规划系统结构

对于用传统方法管理的系统,规划和调度是两个截然不同的阶段。规划主要着眼于系统选择什么样的活动才能达到要求的目标;而调度主要是分配给各个活动执行的时间和资源以便在执行过程中达到某个指标的最优。但对于实际的系统,规划和调度是很难严格区分的,因此本书以后所提到的规划系统是包括规划和调度两类问题的系统。

航天器任务规划系统结构框图如图 3.2 所示。系统的输入是航天器的初始状态和要进行规划的任务目标,输出是一个满足各种约束的活动序列。该结构中最核心的部分是搜索引擎,它采用有效的搜索方法在航天器领域知识空间中搜索可以达到目标的各个活动,并通过约束管理机制满足其时间约束和资源约束。规划进行的基础是规划系统中建立的知识和模型,下一节将详细给出航天器规划系统知识模型的描述方法。

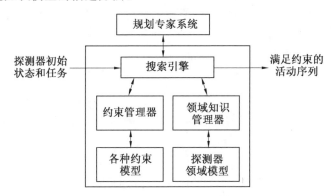

图 3.2 航天器任务规划系统结构框图

规划系统可接受的目标有以下四种类型:

(1)规划目标,如"在当前规划结束后照相机必须是关闭状态";

(2)调度目标,如在预先计划选择的测控网可见时与地面进行通信;

(3)周期目标,如导航系统,它的目标表述为"每两天进行 1 h 的轨道确定及修正";

(4)默认目标,当不规划其他目标时,航天器必须满足的一种状态或条件,如为处理可能的紧急情况,航天器的高增益天线应该总指向地球。

另外,航天器上的其他系统在运行过程中也会产生新的目标,规划系统将同等对待这些新目标和原本地面上发送的目标,一起进行规划处理。

初始状态是规划系统进行规划时各个子系统的状态(各个状态变量的取值)。初始状态必须与航天器开始执行规划时的状态一致。但实际规划中常常需要很长的时间,因此航天器的规划初始状态是未来航天器状态的一个预测。正常情况下,初始状态是由执行系统根据当前的规划推算得到的,因为新的规划总是在当前规划执行之后才开始。预测状态也就是当前规划执行之后的结束状态。

对于航天器系统,要求规划系统对所有的子系统都进行考虑和实现是不现实的,而且航天器的许多软件模块已经非常成熟,可以很有效地单独对子系统进行建模,完成任务的要求。因此,在规划系统中,将这些软件模块称为规划专家系统。在航天器任务规划过程中,规划系统必须与这些专家系统进行交互,包括专家系统向规划系统提出要求(规划目标)和专家系统向规划系统提供必要的信息。例如,导航专家系统根据自身确定的航天器的位置向规划系统提出主发动机点火来修正轨道的要求,姿态控制系统向规划系统提供姿态转动所用的时间和消耗的能源等信息。

对于航天器规划系统,其产生某一给定时间区间(规划区间)内必须执行的详细规划过程简述如下:

(1)接收来自执行系统的进行下一个规划区间规划的请求;

(2)获得下一个规划区间内的任务目标;

(3)对目标进行处理,分解成小任务或权衡目标的优先级;

(4)收集来自规划专家系统的必要信息;

(5)根据活动之间的时间约束和资源约束确定活动出现的时间;

(6)产生规划并发送给执行系统。

3.2.2　传统规划系统简化假定

为方便规划系统的研究,对于传统的规划系统一般做如下简化假定。

(1)原子时间。

活动的执行是不可分割和不可中断的,因此不用考虑执行过程中世界的状态,应将执行建模为从一个世界状态到另一个世界状态的原子转换。并行活动是不可能的。

(2)确定性结果。

任何活动执行时,其执行结果是活动和世界状态的确定函数。

(3)无所不知。

规划系统充分了解世界的初始状态及自己活动特性所有必需的知识。

（4）单因变化。

存在唯一的智能体改变世界，世界中不存在其他智能体。

（5）世界静止。

世界在默认情况下是静止的。

显然，这些假定都是极具限定性的，但是这些假定可以简化规划问题的描述和规划算法的设计。

3.2.3　规划领域知识描述语言

在规划领域中最早出现的领域描述语言是STRIPS，它使用的"活动—结果"模型是相当简单的，它将一个活动描述为该活动执行时的前提条件和后置条件。后来提出的ADL语言具有更丰富表达能力和建模能力，可以使活动具有更加复杂的前提条件和效果。只要状态是有限的，ADL描述常可以转化为一个STRIPS描述。PDDL是一种标准的规划领域建模语言，其语法与STRIPS相似，并包含了ADL和STRIPS。

PDDL是传统规划领域编码标准语言，它最初的版本是在1998年国际规划大赛（International Planning Competition，IPC）委员会的帮助下，由Drew McDermott开发的。它给出了详细的规划的语法和语义，可以方便地描述谓词、目标、活动、初始状态等。其一般形式如下：

（define（domain〈domain name〉）

〈PDDL code for predicates〉

〈PDDL code for first action〉

⋮

〈PDDL code for last action〉

）

PDDL最初的目的主要是为规划竞赛的参赛者提供统一的问题描述基础，简化领域问题的编码。但现在它已经不仅是在比赛中使用了，而是已经广泛被规划技术研究领域的许多人员和组织采用，成为规划领域知识描述的一种重要的方法。

PDDL主要是针对传统规划领域来设计的，对于实际的规划系统，它存在许多不能方便描述的信息，如时间相关的信息、连续变化的资源等。当然，PDDL不是静止的，它也在不断地发展和扩充，并不断地推出新的版本。

3.3　典型航天器平台自主管理的知识模型

3.3.1　探测器自主管理与规划知识分析

航天器系统是一个复杂的大系统,包括许多子系统,如姿态控制系统、导航系统、电源系统、推进系统等,而且这些子系统的运行是相互耦合的。通过星上的软件系统管理航天器,协调完成航天任务,首先需要对各个系统所包含的知识进行详细的描述。对于航天领域,其知识主要有以下几个特点:

(1) 各个子系统的活动可能并行执行,如在导航计算过程中还可以进行科学观测等;

(2) 活动具有确定的时间先后关系,如推进系统进行推进之前必须进行一定时间的准备活动(如发动机启动之前必须进行加热);

(3) 活动都有一定的执行时间,并不是瞬时完成的,而且执行时间根据具体情况可能有变化(如航天器转动所需的时间与航天器的初始姿态和终止姿态有关);

(4) 活动还需消耗一定的资源,如化学能、电能等,而且这些能源有的是一次性资源,有的是可再生资源,但都是有限的;

(5) 执行过程中有可能某些部件出现故障,执行出现错误。

很显然,航天探测领域的知识涉及状态约束、资源约束、同步约束等多类信息,难以用传统的规划系统知识表示方式来完全描述。

例如,航天器的姿态转动用传统的 STRIPS 等方式描述如下:

Turn(? target):

　　Preconditions:Pointing(? direction),? direction $\neq$? target

　　Effects:￢Pointing(? direction),Pointing(? target)

该方式能够描述航天器转动的参数、前提条件和转动产生的结果,但对于航天器转动所用的时间、所消耗的资源和与其他活动之间的关系等都难以进行描述。因此,设计一种新的知识描述方法,使其对时间约束、资源约束、同步约束等信息进行详细的形式化描述是十分必要的,同时也为航天器自主管理知识模型的建立及自主任务规划求解算法的设计提供基础和依据。针对航天器领域的特点,可以引入面向对象知识表示方式,将活动的时间信息、资源信息及活动之间的约束等信息进行描述,建立一个适合航天器领域的规划知识模型,并以此为基础进行规划算法和规划系统设计。

3.3.2 基于 PDDL 语言的探测器自主管理知识建模

本节针对探测器领域的特点,引入面向对象知识表示方式,基于 PDDL 语言将活动的时间信息、资源信息及活动之间的约束等信息进行描述,主要针对数传、电源、存储及有效载荷等几个分系统,建立一个适合探测器自主管理领域的规划知识模型。

基于 PDDL 语言描述的探测器自主管理知识模型主要包括域文件(domain file) 和问题文件(problem file)。其中,域文件主要用于描述卫星任务规划领域的通用知识;问题文件主要用于描述与具体规划问题相关的内容。域文件见表 3.1,动作描述见表 3.2,问题文件见表 3.3,表中给出了一种可用于航天器任务规划的域文件和问题文件示例。

表 3.1 域文件

对象类型 (types of objects)	对象 (objects)	谓词(对象的属性值) (predicates)	函数 (funtion)	动作 (action)
对象类型名	对象—对象类型	(谓词名?参数1—参数 1 所属类型,…,参数 n—参数 n 所属对象类型)	(函数名?参数1—参数 1 所属对象类型,…,参数 n—参数 n 所属对象类型)	动作名
探测器 (satellite)	sat—satellite % 卫星 sat	pointing? sat—satellite % 探测器 sat 指向目标	attitude parameter? sat—satellite % 探测器 sat 姿态参数	attitude adjustment % 姿态调整
	ss—star sensor % 星敏感器	available_ss? star sensor % 星敏感器 ss 可用	power_consume? ss—star sensor % 星敏感器 ss 的工作功耗	ss power on % 星敏感器 ss 开机
		pointing star? ss % 星敏感器 ss 光轴指向恒星	attitude deviation? sat—satellite % 探测器 sat 姿态偏差	ss power off % 星敏感器 ss 关机
		—	—	attitude calibration % 姿态校准

续表3.1

对象类型 (types of objects)	对象 (objects)	谓词(对象的属性值) (predicates)	函数 (funtion)	动作 (action)
对象类型名	对象－对象类型	(谓词名? 参数1－参数1所属类型,…,参数 n－参数 n 所属对象类型)	(函数名? 参数1－参数1所属对象类型,…,参数 n－参数 n 所属对象类型)	动作名
探测器 (satellite)	prop－propelling system % 推进系统	available_propr? prop－propelling % 推进系统 prop 可用	propelling － system temperature? prop % 推进系统温度	propulsion system preheating % 推进系统预热
		—	spatialposition? sat－satellite % 探测器 sat 空间位置	orbital adjustment % 轨道调整
		—	—	propulsion system turn off % 关闭推进系统
固存类 (storage)	stor－storage % 存储器 stor	available_stor? stor－storage % 存储器 stor 可用	power_consume? stor－storage % 存储器 stor 的运行功耗	stor_power_on % 存储器开机
		empty_stor? stor－storage % 存储器 stor 空	data_capacity? stor－storage 64 GB % 存储器 stor 的容量	stor_power_off % 存储器关机
		full_stor? stor－storage % 存储器 stor 满	volume_used? stor－storage % 存储器 stor 的已使用容量	record_on % 开启记录
		in_recording? stor－storage % 存储器 stor 正在记录	volume_remain? stor－storage % 存储器 stor 的剩余容量	record_off % 关闭记录
		in_playback? stor－storage % 存储器 stor 正在回放	record_addr? stor－storage % 存储器 stor 的当前记录地址	erase_all_data % 擦除数据

续表3.1

对象类型 (types of objects)	对象 (objects)	谓词(对象的属性值) (predicates)	函数 (funtion)	动作 (action)
对象类型名	对象—对象类型	(谓词名? 参数1—参数1所属类型,…,参数 n—参数 n 所属对象类型)	(函数名? 参数1—参数 1 所属对象类型,…,参数 n—参数 n 所属对象类型)	动作名
固存类 (storage)	stor—storage % 存储器stor	—	rec_bandwidth? stor—storage 25 Mbps % 存储器 stor 的记录带宽	record_on % 开启记录
		—	playback_addr? stor—storage % 存储器 stor 的当前回放地址	playback_on % 开启回放
		—	playback_bandwidth? stor—storage 2 Mbps % 存储器 stor 的回放带宽	playback_off % 关闭回放
相机类 (camera)	camA—camera % 相机 camA	available_camA? camA—camera % 相机 camA 可用	power_consume? camA—camera % 相机 camA 的工作功耗	camA_power_on % 相机 camA 开机
		calibrating? camA—camera % 相机 camA 校准	—	camA_power_off % 相机camA 关机
				take_image % 成像动作
数传类 (transmitter)	ata—transmitter % 数传天线 ata	available_ata? ata—transmitter % 数传天线 ata 可用	power_consume? ata—transmitter % 数传天线 ata 的功耗	ata_switch_on % 解锁数传天线 ata
		pointing_ground? ata—transmitter % 数传天线 ata 指向地面	point_angle? ata—transmitter % 数传天线 ata 对地指向角度	ata_switch_off % 锁定数传天线 ata
		—	available_window? ata—transmitter % 可测控弧段	ata_point % 调整数传天线 ata 指向

续表3.1

对象类型 （types of objects）	对象 （objects）	谓词（对象的属性值） （predicates）	函数 （funtion）	动作 （action）
对象类型名	对象—对象类型	（谓词名？参数1—参数1所属类型，…，参数 n—参数 n 所属对象类型）	（函数名？参数1—参数1所属对象类型，…，参数 n—参数 n 所属对象类型）	动作名
数传类 （transmitter）	ata—transmitter %数传天线 ata	—	transmission_rate？ata—transmitter %数传天线 ata 的传输速率	ata_set_ratemode %设置传输速率
		—	—	reset_ata_point %数传天线ata指向调零
	transequip—transmitter %数传设备 transequip	available_transequip？transEquip %数传设备 transequip 可用	power_consume？transequip—transmitter %数传设备 transequip 的功耗	transequip_power_on %数传设备 transequip 开机
		in_sending_data？stor transequip %数据正在由存储器 stor 向数传设备 transequip 传输	—	transequip_power_off %数传设备 transequip 关机
		—	—	send_data %数据传输
电源类 （battery）	bty—battery %蓄电池 bty	in_charging？bty %蓄电池正在充电	power_supply？bty—battery %电源供电量	bty_charge %蓄电池 bty 充电
		in_discharging？bty %蓄电池正在放电	power_consume？bty—battery %电源配电量	bty_discharge %蓄电池 bty 放电
		—	power_capacity？bty—battery 60AH %蓄电池 bty 的容量	—
		—	power_remain？bty—battery %蓄电池 bty 的剩余电量	—

续表3.1

对象类型 (types of objects)	对象 (objects)	谓词(对象的属性值) (predicates)	函数 (funtion)	动作 (action)
对象类型名	对象—对象类型	(谓词名？参数1—参数1所属类型，…，参数 n—参数 n 所属对象类型)	(函数名？参数1—参数1所属对象类型，…，参数 n—参数 n 所属对象类型)	动作名
电源类 （battery）	bty—battery ％ 蓄电池 bty	—	power_peak？ bty—battery ％ 蓄电池 bty 的峰值功耗	—
		—	power_state？　bty—battery ％ 外推未来一定时间段内的蓄电池状态曲线	—
导航类 （navigation）	ss—star sensor ％ 星敏感器	available_ss？ star sensor ％ 星敏感器 ss 可用	point angle？ star sensor ％ 星敏感器光轴恒星矢量的夹角	pointing star ％ 星敏感器光轴指向恒星
		pointing star？ss ％ 星敏感器光轴指向恒星	power_consume？ ss—star sensor ％ 星敏感器 ss 的工作功耗	tanking image ％ 星敏感器拍摄星图
		—	attitude deviation？ sat—satellite ％ 探测器 sat 姿态偏差	ss power on ％ 星敏感器 ss 开机
		—	—	ss power off ％ 星敏感器 ss 关机
		—	—	attitude calibration ％ 姿态校准
通信类 （communica- tion）	obe-on-board—equipment ％ 星载设备	available_obe？ obe-on-board—equipment ％ 星载设备 obe 可用	power_consume？ obe-on-board—equipment ％ 星载设备 obe 的功耗	obe power on ％ 星载设备开机

续表3.1

对象类型 （types of objects）	对象 （objects）	谓词（对象的属性值） （predicates）	函数 （funtion）	动作 （action）
对象类型名	对象－对象 类型	（谓词名？参数1－参数1所属类型，…，参数n－参数n所属对象类型）	（函数名？参数1－参数1所属对象类型，…，参数n所属对象类型）	动作名
通信类 （communica- tion）	obe-on-board－ equipment ％ 星载设备	available time window? ％ 通信窗口可用	volume_remain? stor－storage ％ 存储器 stor 的剩余容量	obe power off ％ 星载设备关机
		—	—	sending signal ％ 发送信号
		—	—	receiving signal ％ 接收信号

表 3.2　动作描述

对象类型	动作名	参数	持续时间	前提条件	效果
对象类型名	动作名称	动作执行过程中参与的所有对象	动作持续的时间	动作执行前的状态	动作完成后造成的影响
探测器 （satellite）	propulsion system preheating ％ 推进系统 预热	prop－ propelling system ％ 推进系统prop	=? duration 120～240 ％ 耗时 120～240 s	not(available_ prop? prop) ％ 推进系统prop 不可用	available_prop? prop ％ 推进系统 prop 可用
	propulsion systemturn off ％ 关闭推进 系统	prop－propelling system ％ 推进系统prop	=? duration 120～240 ％ 耗时 120～240 s	available_prop? prop ％ 推进系统prop 可用	not(available_ prop? prop) ％ 推进系统 prop 不可用
	attitude adjustment ％ 姿态调整	sat－satellite ％ 卫星 sat	=? duration 120～240 ％ 耗时 120～240 s	available_prop? prop ％ 推进系统prop 可用	pointing? sat-satellite ％ 探测器sat 指向目标
	attitude calibration ％ 姿态校准	ss－star sensor ％ 星敏感器 ss	=? duration 60～120 s ％ 耗时 60～120 s	available_ss? ss ％ 星敏感器 ss 可用	decrease(attitude deviation? sat) ％ 探测器sat 姿态偏差减小

续表3.2

对象类型	动作名	参数	持续时间	前提条件	效果
对象类型名	动作名称	动作执行过程中参与的所有对象	动作持续的时间	动作执行前的状态	动作完成后造成的影响
固存类（storage）	stor_power_on % 存储器开机	stor — storage % 存储器 stor	=? duration 5 % 耗时 5 s	not(available_stor? stor) % 存储器 stor 不可用	available_stor? stor % 存储器 stor 可用 increase(power_consume? stor) 5 W % 存储器 stor 的运行功耗增加 5 W
	stor_power_off % 存储器关机	stor — storage % 存储器 stor	=? duration 2 % 耗时 2 s	available_stor? stor % 存储器 stor 可用	not(available_stor? stor) % 存储器 stor 不可用 decrease(power_consume? stor) 5 W % 存储器 stor 的运行功耗减少 5 W
	record_on % 开启记录	stor — storage % 存储器 stor	=? duration 1 % 耗时 1 s	available_stor? stor % 存储器 stor 可用 not (in_recording? stor) % 存储器 stor 不在记录	in_recording? stor % 存储器 stor 正在记录
	record_off % 关闭记录	stor — storage % 存储器 stor	=? duration 1 % 耗时 1 s	available_stor? stor % 存储器 stor 可用 in_recording? stor % 存储器 stor 正在记录	not (in_recording? stor) % 存储器 stor 不在记录

续表3.2

对象类型	动作名	参数	持续时间	前提条件	效果
对象类型名	动作名称	动作执行过程中参与的所有对象	动作持续的时间	动作执行前的状态	动作完成后造成的影响
固存类（storage）	playback_on % 开启回放	stor — storage % 存储器 stor	=? duration 1 % 耗时 1 s	available_stor? stor % 存储器 stor 可用 not(in_playback? stor) % 存储器 stor 不在回放	in_playback? stor % 存储器 stor 正在回放
	playback_off % 关闭回放	stor — storage % 存储器 stor	=? duration 1 % 耗时 1 s	available_stor? stor % 存储器 stor 可用 in_playback? stor % 存储器 stor 正在回放	not(in_playback? stor) % 存储器 stor 不在回放
	erase_all_data % 擦除数据	stor — storage % 存储器 stor	=? duration 240 % 耗时 240 s	available_stor? stor % 存储器 stor 可用 not(in_recording? Stor) % 存储器 stor 不在记录 not(in_playback? stor) % 存储器 stor 不在回放	init(volume_remain? stor) 64 GB % 初始化存储器 stor 的剩余容量为 64 GB init(volume_used? stor) 0 % 初始化存储器 stor 的已使用容量为 0 init(record_addr? stor) 0 % 初始化存储器 stor 的当前记录地址为 0 init(playback_addr? stor) 0 % 初始化存储器 stor 的当前回放地址为 0

续表3.2

对象类型	动作名	参数	持续时间	前提条件	效果
对象类型名	动作名称	动作执行过程中参与的所有对象	动作持续的时间	动作执行前的状态	动作完成后造成的影响
相机类 (camera)	camA_power_on ％相机camA开机	camA—camera ％相机camA	=? duration 5 ％耗时5 s	not(available_camA? camA) ％相机camA不可用	available_camA? camA ％相机camA可用 increase(power_consume?camA) 15 W ％相机camA的运行功耗增加15 W
	camA_power_off ％相机camA关机	camA—camera ％相机camA	=? duration 2 ％耗时2 s	available_camA?camA ％相机camA可用	not(available_camA? camA) ％相机camA不可用 decrease(power_consume?camA) 15 W ％相机camA的运行功耗减少15 W
	take_image ％成像动作	camA—camera ％相机camA	=? duration 2 ％耗时2 s	pointing? sat ％探测器sat指向目标 calibrating?camA-camera ％相机camA校准 available_camA?camA ％相机camA可用 available_stor? stor ％存储器stor可用 in_recording? stor < rec_bandwidth ％累计输出带宽小于存储器stor的记录带宽	decrease(volume_remain? stor) img_data ％存储器stor的剩余容量减少 img_data increase(volume_used? stor) img_data ％存储器stor的已使用容量增加 img_data increase(record_addr? stor) 0 ％存储器stor的当前记录地址增加 img_data

续表3.2

对象类型	动作名	参数	持续时间	前提条件	效果
对象类型名	动作名称	动作执行过程中参与的所有对象	动作持续的时间	动作执行前的状态	动作完成后造成的影响
数传类（transmitter）	ata_switch_on ％ 解锁数传天线 ata	ata－transmitter ％ 数传天线 ata	＝？ duration 1 ％ 耗时 1 s	not(available_ata? ata) ％ 数传天线 ata 不可用 (available_window? ata) ＞＝ 3 600 s ％ 可测控弧段不小于 3 600 s(1h) (power_remain? bty) ＞ (130 ＊ 1)/(1 000 ＊ 3 600) kW·h ％ 蓄电池 bty 的剩余容量大于解锁数传天线的瞬时功耗 (130×1)/(1 000×3 600) kW·h	available_ata? ata ％ 数传天线 ata 可用 increase(power_consume? ata) 30 W ％ 数传天线 ata 的功耗增加 30 W
	ata_point ％ 调整数传天线 ata 指向	ata－transmitter ％ 数传天线 ata	＝？ duration 10 ％ 耗时 10 s	available_ata? ata ％ 数传天线 ata 可用	pointing_ground? ata ％ 数传天线 ata 指向地面 (point_angle? ata) ＜＝±2.5° ％ 数传天线 ata 对地指向角度不超过 5°
	ata_set_rate mode ％ 设置传输速率	ata－transmitter ％ 数传天线 ata	＝？ duration 30 ％ 耗时 30 s	available_ata? ata ％ 数传天线 ata 可用 pointing_ground? ata available_distance? sat ％ 已知探测器 sat 与地球距离	set(transmission_rate? ata) ＝ V ％ 设置数传天线 ata 的传输速率为 V

续表3.2

对象类型	动作名	参数	持续时间	前提条件	效果
对象类型名	动作名称	动作执行过程中参与的所有对象	动作持续的时间	动作执行前的状态	动作完成后造成的影响
数传类（tran-smitter）	TransEquip_power_on ％数传设备TransEquip开机	TransEquip—transmitter ％数传设备TransEquip	=? duration 10 ％耗时10 s	not(available_TransEquip? TransEquip) ％数传设备TransEquip 不可用	available_TransEquip? TransEquip ％数传设备TransEquip可用 increase(power_consume? TransEquip) 30 W ％数传设备ata的功耗增加30 W
	send_data ％数据传输	stor—storage ％存储器stor TransEquip—transmitter ％数传设备TransEquip	=? duration ％耗时1 s	available_stor? stor ％存储器stor可用 available_TransEquip? TransEquip ％数传设备TransEquip可用 not(in_recording? stor) ％存储器stor不在记录 not(in_playback? stor) ％存储器stor不在回放	in_sending_data? stor? TransEquip ％数据正在由存储器stor向数传设备TransEquip传输 in_playback? stor ％存储器stor正在回放 increase(volume_remain? stor) ％存储器stor的剩余容量增加 decrease(volume_used? stor) ％存储器stor的已使用容量减少 decrease(record_addr? stor) 0 ％存储器stor的当前记录地址减小

续表3.2

对象类型	动作名	参数	持续时间	前提条件	效果
对象类型名	动作名称	动作执行过程中参与的所有对象	动作持续的时间	动作执行前的状态	动作完成后造成的影响
数传类（transmitter）	TransEquip_power_off ％ 数传设备 TransEquip 关机	TransEquip — transmitter ％ 数传设备 TransEquip	=? duration 10 ％ 耗时 10 s	available_TransEquip? TransEquip ％ 数传设备 TransEquip 可用 not(in_sending_data? stor? TransEquip) ％ 数据不在由存储器 stor 向数传设备 TransEquip 传输	not(available_TransEquip? TransEquip) ％ 数传设备 TransEquip 不可用 decrease(power_consume? TransEquip) 30 W ％ 数传设备 ata 的功耗减少 30 W
	reset_ata_point ％ 数传天线 ata 指向调零	ata — transmitter ％ 数传天线 ata	=? duration 10 ％ 耗时 10 s	available_ata? ata ％ 数传天线 ata 可用 not(available_TransEquip? TransEquip) ％ 数传设备 TransEquip 不可用	init(ata_point? ata) 0 ％ 数传天线 ata 指向调零
	ata_switch_off ％ 锁定数传天线 ata	ata — transmitter ％ 数传天线 ata	=? duration 1 ％ 耗时 1 s	available_ata? ata ％ 数传天线 ata 可用 not(available_TransEquip? TransEquip) ％ 数传设备 TransEquip 不可用	not(available_ata? ata) ％ 数传天线 ata 不可用 decrease (power_consume? ata)30 W ％ 数传天线 ata 的功耗减少 30 W

续表3.2

对象类型	动作名	参数	持续时间	前提条件	效果
对象类型名	动作名称	动作执行过程中参与的所有对象	动作持续的时间	动作执行前的状态	动作完成后造成的影响
电源类 (battery)	bty_charge % 蓄电池 bty 充电	bty — battery % 蓄电池 bty	=? duration 1 % 耗时 1 s	not(in_charging? bty) % 蓄电池不在充电 power_supply > power_consume % 供电量大于配电量	in_charging? bty % 蓄电池正在充电
	bty_discharge % 蓄电池 bty 放电	bty — battery % 蓄电池 bty	=? duration 1 % 耗时 1 s	not(in_discharging? bty) % 蓄电池不在放电 power_supply < power_consume % 供电量小于配电量	in_discharging? bty % 蓄电池正在放电
导航类 (navigation)	ss power on % 星敏感器 ss 开机	ss — star sensor % 星敏感器	=? duration 5—10 % 耗时 5～10 s	not(available_ss? ss) % 星敏感器 ss 不可用	available_ss? ss % 星敏感器 ss 可用 increase(power_consume? ss) 20 W % 星敏感器 ss 的运行功耗增加 20 W
	ss power off % 星敏感器 ss 关机	ss — star sensor % 星敏感器	=? duration 1—2 % 耗时 1～2 s	available_ss? ss % 星敏感器 ss 可用	not(available_ss? ss) % 星敏感器 ss 不可用 decrease(power_consume? ss) 20 W % 星敏感器 ss 的运行功耗减少 20 W

续表3.2

对象类型	动作名	参数	持续时间	前提条件	效果
对象类型名	动作名称	动作执行过程中参与的所有对象	动作持续的时间	动作执行前的状态	动作完成后造成的影响
导航类 (navigation)	tanking image ％ 星敏感器拍摄星图	ss—star sensor ％ 星敏感器	＝? duration 1 ％ 耗时 1 s	available_ss? ss ％ 星敏感器 ss 可用 pointing star? ss ％ 星敏感器光轴指向恒星	available_ss? ss ％ 星敏感器 ss 可用 increase(power_consume? ss) 20 W ％ 星敏感器 ss 的运行功耗增加 20 W
通信类 (commu-nication)	sending signal ％ 发送信号	obe-on-board equipment ％ 星载设备	＝? duration 1 ％ 耗时 1 s	available time window? ％ 通信窗口可用 available obe?obe) ％ 星载设备可用	increase(power_consume? ss) 10 W ％ 星敏感器 ss 的运行功耗增加 10 W volume_remain?stor-storage ％ 存储器 stor 的剩余容量增加
	receiving signal ％ 接收信号	obe-on-board equipment ％ 星载设备	＝? duration 1 ％ 耗时 1 s	available time window? ％ 通信窗口可用 available obe?obe) ％ 星载设备可用	increase(power_consume? obe) 10 W ％ 星载设备 obe 的运行功耗增加 10 W volume_remain?stor-storage ％ 存储器 stor 的剩余容量减少

表 3.3 问题文件

高级任务指令	对象集合	初始状态	目标状态	衡量
轨道自主保持	{sat,ss, prop }	not(in expect orbit)? sat % 探测器未在预定轨道运行	in expect orbit? sat % 探测器在预定轨道运行	spatial position? sat-satellite % 探测器 sat 空间位置
获取全域影像（前期观测目标尽可能多）	{sat, stor, camA, ata, TransEquipbty}	not(available global images)? % 全域影像不可用 volume_remain? stor X % 存储器 stor 的剩余容量为 X volume_used? stor (64 — X) % 存储器 stor 的已使用容量为(64 —X) record_addr? stor (64 — X) % 存储器 stor 的当前记录地址为(64 —X) not(available_camA? camA) % 相机 camA 不可用 not(available_ata? ata) % 数传天线 ata 不可用	available global images? % 全域影像可用	global images meet the task requirement % 全域影像均已按要求获取,满足任务目标要求

续表3.3

高级任务指令	对象集合	初始状态	目标状态	衡量
获取重点区域影像	⟨sat，stor，camA，ata，TransEquipbty⟩	available global image? % 全域影像可用 volume_remain? stor X % 存储器 stor 的剩余容量为 X volume_used? stor（64－X） % 存储器 stor 的已使用容量为（64－X） record_addr?　stor（64－X） % 存储器 stor 的当前记录地址为（64－X） not(available_camA? camA) % 相机 camA 不可用 not(available_ata? ata) % 数传天线 ata 不可用	available key image? % 重点区域影像可用	key area images meet the task requirement % 重点区域影像均已按要求获取,满足任务目标要求

续表3.3

高级任务指令	对象集合	初始状态	目标状态	衡量
对某一特定区域拍照	{sat, stor, camA, ata, TransEquip bty}	not(pointing? sat) ％探测器 sat 未指向目标 volume_remain? stor X ％存储器 stor 的剩余容量为 X volume_used? stor (64 − X) ％存储器 stor 的已使用容量为(64 − X) record_addr? stor (64 − X) ％存储器 stor 的当前记录地址为(64 −X) not(available_camA? camA) ％相机 camA 不可用	pointing? sat ％探测器 sat 指向目标 get required image? ％获取影像完成	decrease(volume_ remain? stor) ％存储器 stor 的剩余容量减少 increase(volume_used? stor) ％存储器 stor 的已使用容量增加 figure(volume_used? stor) ％存储器 stor 剩余容量随时间变化曲线 figure(power_remain? bty) ％蓄电池 bty 剩余电量随时间变化曲线

第4章

航天器载荷自主规划问题的求解模型设计

4.1 航天器载荷任务规划问题描述

对于执行遥感观测任务的航天器来说,其任务是根据用户的需求来获取特定目标的图像或其他相关信息。为提高此类航天器的工作效率,降低运行成本,需要为其制定合理的观测任务计划。一个观测任务主要分为两部分工作:信息获取和数据下传。信息获取是指利用星载有效载荷(如可见光相机、合成孔径雷达等)来获取目标的相关信息,即遥感探测;数据下传是指将获取的数据信息直接或通过中继卫星等数据通信链路回传地面站,又称数传。

由于航天器运行于一定的轨道高度,因此在同一轨道圈内有很多目标都有可能被观测。但每个目标都只有一定长度的观测时间窗口,为充分利用宝贵的航天器资源,总是希望获取最大数量、最优观测效果的地面观测目标。因此,需要对在什么时间、使用何种角度、对哪些目标进行观测实施合理的规划和调度。

要完成航天器观测计划的调度,需要在航天器在轨运行的有限时间范围内,根据已有数据信息(如观测预案、有效载荷性质、观测目标属性等)和确定的约束条件(如载荷性能限制、侧视角、太阳高度角、云量等),合理安排有限资源(如相机开关机时间、星载存储器容量、地面站资源等),同时综合考虑目标重要程度、任务紧迫程度、用户要求等多种因素的影响,使尽可能多并尽量保证重要的观测目标可以被观测,以最大化地获取相关信息。

无论是近地航天器还是深空航天器,都具备如下共同特点。

（1）研制、运行成本高昂。

一些航天器耗资动辄上亿甚至几十亿美元，制造耗时几年甚至更长，这些都使得航天器在轨的时间和资源显得十分宝贵。

（2）资源有限。

一般来说，航天器所携带的资源十分有限，如存储器、燃料等，并且这些资源的补充非常困难。

（3）约束条件复杂。

由于航天活动的特殊性，因此航天观测中包含了许多特有的复杂约束条件，如航天器轨道约束、姿态约束、有效载荷能力约束、星载资源约束、光照条件约束等。

（4）运行环境复杂多变，航天器故障难以避免。

目前对空间环境的认知虽然比航天活动发展的初期有了显著的进步，但仍不完善，存在很多问题。因此，即使采取了很多措施来提高航天器的可靠性，也仍不能避免故障的发生。

这一系列特点不仅使得航天器在轨的时间和资源显得十分宝贵，而且使得对航天器观测活动的规划和调度十分复杂。为有效地利用航天器这一宝贵资源，实现在有限的时间内尽可能多地获取有效数据，满足不同用户、不同优先级的数据需求，就需要制定合理的观测任务计划，使之不仅能够充分地利用航天器资源，而且能够满足各种复杂约束。

航天器载荷任务规划问题分类及特点分析如下。

航天器系统是一个由多个子系统组成的复杂系统，其任务是利用星载的可见光相机、雷达等有效载荷对目标进行观测，并将观测所得数据传送回地面。为充分利用宝贵的航天器资源，有必要对航天器的观测活动进行合理的规划和调度。在早期的航天探测活动中，这一工作是由人工在地面完成的。当任务量较小时，人工调度尚可胜任；但当任务量较大时，人工调度不仅效率低，而且质量较差。因此，近年来各国学者纷纷寻求利用计算机进行调度工作的研究。

一般来说，由于卫星资源短缺，用户需求不能全部被满足，因此观测调度的目标就是选择需要观测的目标及确定观测开始时间。在多种有效载荷、多个观测需求的情况下，如何生成一个满意的航天器资源调度方案，分配航天器资源来完成更多的观测任务，对于有效、合理、充分地发挥航天器系统的能力是至关重要的。

对于航天器观测调度问题，按照不同的分类标准，可以分为以下不同的类型。

（1）按照航天器数量不同，可以分为单星观测调度问题和多星联合观测调度问题。

在单星调度问题中,研究对象为一颗单一的航天器,给定其轨道信息及其他相关信息,对其观测活动进行调度;在多星联合观测调度问题中,研究对象为多颗航天器,通常以编队的形式运行,考虑其各自轨道和观测能力的不同,分别对其观测活动进行调度和安排。

(2) 按照观测目标不同,可以分为点目标观测调度问题和区域目标观测调度问题。

点目标并非真正数学意义上的抽象点,而是指观测目标范围小于航天器观测能力范围的目标,即对此类目标的观测可以在一次观测活动中完成;与之相对应,区域目标的范围较广,一般可由一个多边形描述,对此类目标的观测,需要将目标区域分解为多个矩形条带,进行多次观测活动才可完成。

(3) 按照有效载荷数量不同,可以分为单一载荷调度问题和多载荷调度问题。

在单一载荷调度问题中,航天器携带单一载荷,调度系统的任务是在满足各项约束条件的前提下,制定该载荷的观测方案,并使数据返回量最大;多载荷调度问题在此基础上还需考虑各个载荷之间的协调问题及各载荷并行工作带来的新的约束条件等。

(4) 根据工作环境不同,可以分为静态调度和动态调度。

静态调度是指假设航天器在静态环境中执行任务,即在决策时刻,调度环境的各种信息是确定已知的,而且在调度执行过程中不再改变,调度方案一旦制定,便不会更改;动态调度要考虑航天器运行中各种不确定因素的干扰,以及如何应对这些不确定因素等问题,即调度环境的信息会随着调度的执行而发生改变,需要不断更新调度。

航天器观测调度问题的典型特点是其复杂性,具体表现在以下几个方面。

(1) 计算复杂性。

航天器观测调度问题已经被证明是 NP 完全问题,精确求解该问题所需时间随着输入的规模而呈指数增长,目前尚无多项式算法的解决途径。而现代航天器观测调度问题的输入规模,即使是 1 d 内观测活动的调度问题,其输入规模也高达几百个变量。

(2) 建模复杂性。

根据环境特征建立的调度问题模型多种多样。随着航天器系统的日趋复杂,调度问题已远超出经典调度模型所能涵盖的范畴。观测要求的多样化也导致各种专用有效载荷的出现,航天器系统环境、订单情况的稍许不同就可能产生完全不同约束形式,从而给问题的结构和性质带来极大的影响。

(3) 动态不确定性。

对于执行观测任务的航天器来说,实际的运行环境中存在大量的信息不确定和动态扰动,如观测请求的动态不确定、系统状态的不确定(可能发生故障)等,使得调度问题具有动态性和不确定性的特点。

(4)约束条件的多样性与复杂性。

航天器的观测任务调度问题中有众多的约束条件,并且各个约束条件之间关系复杂,尤其是多载荷观测调度问题,每一类载荷都有其特定的约束条件。此外,还要考虑各个载荷之间的协调与约束关系。任何一个调度都要满足资源、航天器状态、用户需求等多方面的约束条件,这些约束条件的多样性及复杂性增加了问题求解难度。

(5)多目标性。

调度问题中的性能指标常常不是单一的,对一个调度问题有多个方面的优化目标反映了航天活动的实际要求,多个目标之间可能是有冲突的。例如,航天器观测调度问题的目标可以分为基于响应速度的目标、基于观测活动优先级的目标、基于观测活动收益的目标、基于燃料最省的目标等。

4.2 载荷任务规划的典型约束条件分析

航天器利用星载的可见光相机、红外成像仪或合成孔径雷达等遥感器获取目标的图像信息,并将这些图像信息传回地面站,供分析判断使用。数据回传可以直接传回地面站,也可以通过中继卫星中继回传。一个完整的观测任务包括目标观测和数据下传两个活动,并且只有在探测器和目标(星表目标、地面站、中继卫星)可以通信的时间段内(可见时间窗口),探测器才可能完成这些活动。

从探测器工作过程的分析中可以看到,卫星不同于一般的资源,具有很多特性,而且资源本身也很短缺,这就使得用户需求不能完全被满足,相应的约束限制更加复杂,在探测器探测过程中需要对其进行专门的考虑。

根据用户需求及探测器的工作特点,在探测器探测过程中至少需要考虑的主要约束条件有以下几个方面。

(1)观测时间窗口。

探测器只有在飞经地面目标上空时才能执行观测任务,同时能够看到的地面范围是时时变化的,这就给观测活动的执行带来了许多约束。探测器必须首先能够看到目标才能执行观测活动,探测器与给定地面目标的可见时间窗口决定于探测器的轨道特征,在一段给定的时间内(如 1 d),二者之间可能存在多个可见时间窗口,这时问题求解就需要确定采用哪个可见时间窗口来执行观测任务及观测的起始时间。

（2）观测时间长度。

探测器采用扫描的方式对目标拍摄图像。一般来说，目标越大，需要扫描的时间就越长。一次扫描观测称为一个"元任务"。对于点目标来说，由于探测器在轨道上高速运行，因此观测所需要的时间可以看作一个时间点。但考虑到探测器拍照前需要进行一些准备工作，以及轨道摄动和其他空间环境的影响，在可见时间窗口计算上存在误差，因此必须使观测活动持续一定时间，以保证能拍摄到任务要求的地面图像。

（3）不同观测任务之间的转换时间。

卫星遥感器一般都至少具有一维的侧摆自由度，在执行对给定地面目标的观测活动时，可以通过调整侧摆角度来获得目标的可见时间窗口及最佳的成像质量。由于不同的观测任务使得遥感器侧摆角度需要进行调整，因此调整所耗费的一段时间就是不同观测任务间的转换时间。时间长度与侧摆前后观测目标的空间位置及卫星运行速度参数有关。另外，卫星在进行侧摆调整之后，还需要一定长度的稳定时间，这个稳定时间同样不能忽略。

（4）能源消耗。

卫星上的许多活动（如姿态调整、遥感器侧摆、对准目标、数传等操作）都会消耗能量，由于卫星上的能量有限，因此观测任务的完成会受到能量的限制。本书主要考虑卫星自身电力能源约束，从保护电池性能的角度约定单圈电池放电深度小于电池容量的 20%，并保持单圈能量平衡。

（5）卫星存储容量约束。

探测器在进行观测时，一般将数据存储在星载存储器上，在与地面站可见时再将数据回传至地面接收系统。存储容量约束是指星上存储器的容量不能超过星载存储器的标定数据容量，本书中约定星上存储容量为 32 MB。另外，目前文件存取方式已成为星载存储器主流的数据管理方式，卫星每次开关机观测获得的数据自成一个独立的文件，存储器通过文件操作实现对存储数据的管理。一般来说，存储器会指定一个文件数上限，文件数量不能超过该文件数量上限。本书不对文件数量进行硬性限制，只要空闲存储容量能够支持一次遥感观测，即认为同时满足了文件数量限制。

（6）动作唯一性约束。

由于卫星载荷工作特点限制，因此一般要求卫星在任一时刻只能执行一个动作，不允许两个动作有时间上的交叉。

上述约束条件在一般性的理论研究中经常被采用，如果从工程实现的角度考虑，约束条件的考虑要复杂和全面得多。例如，根据观测需求及航天器的工作特点，在载荷任务规划过程中需要考虑以下主要约束条件。

（1）观测目标类型。

根据观测要求不同，观测目标可以是点目标或区域目标。点目标是指成像区域较小、在较短的时间内（一般为几十至几百秒）可以一次观测完成的目标；区域目标的成像区域较为复杂，一般由一个多边形表示，一次观测难以覆盖整个目标区域，需要由多次观测来完成一个区域目标的观测。

（2）有效载荷独占。

航天器依靠所携带的有效载荷完成观测任务，每一个有效载荷都是一个独立的资源，这种资源具有独占性，即每个有效载荷在任何时刻只能执行一个观测任务。

（3）可观测时间。

对于多数航天器来说，只有在飞经目标上空时才能执行观测任务，与之对应的一段时间称为可见时间窗口。在一段给定时间内，目标与航天器之间可能存在多个可见时间窗口，这时就需要确定采用哪个可见时间窗口来执行观测任务及观测的起始时间。

（4）观测持续时间长度。

大多数航天器采用扫描的方式对目标进行成像。一般来说，目标越大，需要扫描的时间就越长。扫描时间还要受到仪器的热限制和存储容量的限制，不能过长，根据设备种类不同及制造水平不同，其最大扫描时间亦不相同。

（5）数据有效期。

某些观测请求具有较强的时效性要求，即必须在某一期限之内进行观测，并得到观测数据，如果超出这一期限再进行观测，则所得数据无效。

（6）图像类型需求。

由于航天器通常搭载多种有效载荷，每种有效载荷的功能和特点均不相同，如可见光遥感器、红外遥感器、微波遥感器等，不同的图像类型需要通过不同的有效载荷进行获取，因此在提出观测请求时，必须首先确定可以执行该观测的有效载荷。

（7）观测任务姿态转换时间。

某些航天器和有效载荷的指向是固定的，因此只能对位于固定轨迹的目标进行观测。目前在轨运行的航天器多在主要的成像载荷前端加装反射镜面，通过该镜面的转动，达到观测星下点轨迹两侧目标的目的。另外，采用三轴稳定姿态控制系统的航天器还能够进行姿态机动，以利于更大范围的观测。为观测给定的目标，航天器需要调整自身的姿态以对准目标。由于目标的地理位置不同，因此前后两次观测任务的观测角度也不尽相同。在进行观测前，需要调整航天器的姿态或有效载荷的角度，调整所耗费的时间称为任务间的姿态转换时间，在进行观测调度时，应当考虑该时间的影响。

（8）图像分辨率和有效载荷协同。

图像分辨率是成像质量的一种体现，分辨率越高，意味着在相同的面积内像素越多，图像也就能越多地反映目标的细节。但是，过高的分辨率不仅会占用较大的存储空间，而且对航天器整体要求严格。例如，NASA 的 MRO 在进行最高精度的成像观测时，要求关闭星上一切可能引起微小振动的设备，而且一般会要求对这样的高精度图像提供场景信息，即利用其他有效载荷对该目标周围的场景进行观测。最高分辨率时的有效载荷协同工作如图 4.1 所示。因此，可以认为高精度观测有着较为严格的协同工作要求。正因如此，多数航天器的成像精度均可以调节，以适应不同的观测要求，一般仅对具有很高价值的目标进行高精度观测。

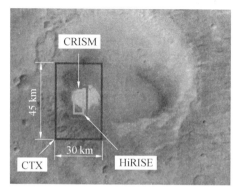

图 4.1　最高分辨率时的有效载荷协同工作

CRISM— 紧凑型火星侦察成像光谱仪视场范围；

CTX— 背景成像仪视场范围；HiRISE— 高分辨率成像相机视场范围

另外，航天器在运行过程中，其对某一目标的地面分辨率是变化的。因此，定义一个观测请求时，如果对图像的分辨率有一定要求，则必须设置图像所允许的最差分辨率。这样，在计算可见时间窗口时，要求有效载荷对目标的实时分辨率优于图像所允许的最差分辨率，才能真正保证图像质量。

（9）太阳光照条件。

航天器的遥感设备可分为光学成像设备和微波遥感设备等。微波遥感设备能够穿透云层，可以全天候工作。但对于可见光学成像设备而言，在对目标进行成像时，对太阳光照条件还有一定的要求。这时，需采用最小太阳光照角来描述太阳光照条件。太阳光照角是指太阳光线和目标所在地平面的夹角，最小太阳光照角是指光学成像设备在观测地面目标时所要求的太阳光照条件的下限。也就是说，在太阳光照角大于或等于最小太阳光照角时，光学成像设备和小天体表面目标的可见时间窗口才是有效的时间窗口。

（10）资源消耗。

卫星的姿态调整、有效载荷的转动、各种观测任务的完成等几乎所有的航天器操作都将消耗各种星载资源，这些资源可以分为两类：可再生资源和不可再生资源。

可再生资源是指可从外界或自身获得补充的资源，如航天器系统的电力资源、存储资源等。其中，电力资源可由太阳能电池板不断获得补充，以保证星载设备电力供给；存储资源是指星载存储器的可用存储空间大小，一般由固态存储器（SSR）进行数据存储，在数据传回地面之前，所有观测数据均存储在星载固态存储器上，当存储空间不足时，只有释放部分空间才能继续存储新数据。

不可再生资源很难获得补充，如航天器所携带的燃料、姿态控制所用的喷射气体等就是典型的不可再生资源，其容量随着使用的增多而不断减少。

由于卫星上的能源有限，因此观测任务的执行会受到能源的限制。此外，太阳能电池板的充电行为也可能影响到对目标的观测。例如，对于航天器的观测姿态的需求可能导致太阳能帆板不能很好地对准太阳。

（11）数据记录与下传。

目标观测不仅是数据采集的过程，也包括将所获得的图像数据传回地面站。一般是将观测数据首先记录在星载存储设备中，然后在通信条件允许时传送回地面站。

由于观测条件的限制，因此只有当航天器的位置满足一定的约束条件时，才能够与地面站进行通信，这一时段称为地面站可见时段或航天器可见窗口，观测数据的传回、测控数据的获取、指令的上传等天地之间的通信活动都要在这一测控时段内进行。

因此，由于星载存储设备的容量有限，并且航天器与地面站之间的可见时间有限，与地面站之间的数据传输速度也有限，因此所有这些约束都会影响观测任务的完成。

（12）立体图像要求。

某些观测任务要求完成目标的立体图像绘制，这就需要对给定的空间天体表面目标按照一定的观测模式进行多次观测。多次观测的图像进行合成后，可生成目标的立体影像，这就要求合理地安排相关观测任务的时间和顺序。

（13）优先级和收益。

按照重要程度，每一个观测目标都有其相应的优先级，调度规划应使具有较高优先级的任务以较大的概率被观测到。同时，每一个观测目标都具有收益值，以表征完成观测后能得到的收益，调度规划应使总的观测收益达到最优化。

（14）气象条件。

对于有大气层覆盖的天体，由于物理特性限制，因此某些星载遥感器不能穿透云层对目标进行观测，观测目标上空的云层会对图像的质量产生很大的影响。在气象条件不佳时对目标进行观测，可能会造成存储空间及各种星载资源的浪费。由于无法事先确定目标上空是否存在云层及云层厚度，因此也就无法保障一个观测请求能否被有效完成。

4.3 典型约束条件的数学表达

使用计算机自动求解，需要建立约束条件的数学表达。从理论研究的角度而言，一般选择航天器载荷任务规划问题的关键约束条件进行数学表达，包括目标观测约束、观测时间窗口约束、存储容量约束、数传窗口约束等，其一般表达形式为

$$\forall i \in \boldsymbol{I}, 若\ x_i = 1, 则\ t_i \in [S_{ij}, E_{ij})\ 且\ t_i + D_i \leqslant E_{ij} \tag{4.1}$$

$$\forall i \in \boldsymbol{I}, 若\ \mathrm{DS}_i > \mathrm{DS}_{\mathrm{free}}, 则\ x_i = 0 \tag{4.2}$$

$$\forall n \in \boldsymbol{N}, 若\ x_n = 1, 则\ t_n \in [S_{nj}, E_{nj})\ 且\ t_n + D_n \leqslant E_{nj} \tag{4.3}$$

$$\forall n_1, n_2 \in \boldsymbol{N}, 若\ f_{n_1 n_2} = 1, 则\ t_{n_1} + D_{n_1} \leqslant t_{n_2} \tag{4.4}$$

$$\forall i_1, i_2 \in \boldsymbol{I}, 若\ f_{i_1 i_2} = 1, 则\ t_{i_1} + D_{i_1} + M_{i_1 i_2} \leqslant t_{i_2}$$

$$且\ t_{i_1} + D_{i_2} \leqslant t_{\mathrm{MS}i_1}, t_{\mathrm{MS}i_1} + M_{i_1 i_2} \leqslant t_{i_2} \tag{4.5}$$

式(4.1)表示对每一目标的观测任务 i，必须在某一可见窗口开始之后开始，并且在这一可见窗口结束前完成观测任务。

式(4.2)表示存储空间约束，DS_i 表示观测任务 i 将占用的存储空间容量，$\mathrm{DS}_{\mathrm{free}}$ 表示目前可用的存储容量。

式(4.3)表示对每一地面站的数传活动 n 的开始时间必须位于某一可见窗口之内，并且在该次可见窗口结束前完成数传活动。

式(4.4)表示对于相邻的两次数传，只有当前次数传活动结束后，才能进行下一次数传。其中，$f_{n_1 n_2} = 1, n_1, n_2 \in \boldsymbol{N}$，表示数传活动 n_1、n_2 是相邻的两次数传。

式(4.5)表示对于相邻的两次观测，只有当前次观测任务结束并完成必要的姿态机动后，才能进行下一次观测，并且姿态机动开始时间必须在当次观测任务结束之后，姿态机动结束时间必须在下一次观测任务开始之前，其中 $f_{i_1 i_2} = 1$，$i_1, i_2 \in \boldsymbol{I}$，表示观测任务 i_1、i_2 是相邻的两次观测。

4.4 常用目标函数设计

对于任务规划问题而言，其本质就是在多种约束条件的限制下，寻找一种最

优的解决方案。航天器载荷任务规划问题也不例外。在该问题中,一般希望尽可能充分利用载荷能力,尽可能多地满足遥感需求。

为达到这一目的,需要为航天器载荷任务规划问题设计合适的目标函数,如使观测目标数量最多、载荷工作时长最大等。

通常可以假设规划过程包括 n 个活动,系统可获得 m 种资源,每种资源的数量已给定。结合不同的任务需求,引入相应的变量,可完成目标函数设计。本节给出两种航天器载荷任务规划问题常见的优化目标。

(1)优化目标一。

该目标函数主要目的是使观测活动的总收益最大。通常不同的目标、不同的遥感方式会产生不同的观测收益。在该优化目标的作用下,系统会倾向于选择高收益的目标和观测活动,而不去过多关注载荷工作次数的多少。在不违反多种约束的条件下,使航天器任务规划结果的总收益最大(即倾向于对重点目标进行观测),目标函数 Q_1 为

$$Q_1 = \max\left(\sum V_i x_i\right), \quad i \in \boldsymbol{I} \tag{4.6}$$

式中,V_i 代表观测目标的收益;x_i 为该目标是否被选择进行观测,若被选择观测,则 $x_i = 1$,否则 $x_i = 0$。

(2)优化目标二。

该目标函数重点关注对遥感任务的整体覆盖能力,希望在观测活动中尽可能多地包含被观测目标的数量。注意,在该目标函数中,载荷的总开机次数不一定是最多的,因为优化目标并不强调观测总量的要求,只要被观测目标的数量最大即可。在不违反多种约束的条件下,使规划过程的观测目标数目最大,目标函数 Q_2 为

$$Q_2 = \max G \tag{4.7}$$

式中,G 为观测目标数量。

以 100 个地面待观测目标为例,目标函数 Q_2 的最优值为 100,假设应用不同的优化方法都可以达到这一最优值。但由于优化方法不同,因此与之对应的任务序列很可能是不同的。例如,方案 A 中每个目标能够观测五次以上,方案 B 中每个目标仅观测一次,该目标函数并不体现规划结果的这种差异。

需要说明的是,在实际的工程问题中,单一的优化目标可能并不能完全满足任务需求,会出现几个不同优化目标需要同时满足的情况,而这些优化目标之间可能存在相互影响甚至互斥等制约关系。此时需要根据实际情况进行综合考虑,将多个目标函数通过加权聚合的方式转换为单一目标函数,或采取多目标优化技术进行求解。

第5章

航天器智能任务规划算法分析

5.1　常用规划调度方法

自 20 世纪 50 年代起,规划调度问题的研究受到应用数学、运筹学、工程技术等领域科学家的重视,利用运筹学中的线性规划(LP)、整数规划(IP)、目标规划(GP)、动态规划(DP)及决策分析(DA)方法,研究并解决了一系列有代表意义的调度和优化问题。目前,虽然规划调度方法逐渐走向复杂化和多元化,但是它们基本上可以归结为四种类型:基于运筹学的方法、启发式调度方法、基于仿真的方法和基于智能优化的方法。

5.1.1　基于运筹学的方法

基于运筹学的方法将调度问题简化为数学规划模型,采用数学规划方法来解决调度最优化或近似优化问题,又称优化调度方法。调度中常见的数学规划模型包括 LP、IP、GP、DP 和 DA 等。数学规划方法的任务分配和排序的全局性较好,所有的选择同时进行,因此可以保证求解凸和非凸问题的全局优化,在实际问题中得到了一定的应用。但是,作为一种精确求解方法,其需要对调度问题进行统一精确的建模,某一参数的变化会使得算法的可重用性很差。因此,对于复杂多变的调度问题来说,单一的数学规划模型不能覆盖所有的因素,存在求解空间大和计算困难等问题。

对于小规模的调度问题,上述经典的运筹学方法可以在合理的时间内求得问题的最优解。随着问题规模的增大,求解难度呈指数规律递增,所以对大规模问题而言,经典的运筹学方法的实际可用性并不突出。Maccarthy 和 Liu 指出,经典的调度优化理论目前在实际生产中应用较少,反映出最优化方法在理论研究方面的工作较多,但缺乏实用性的研究。此外,该类方法大多基于某些理想化的假设,不能充分反映实际生产环境的复杂性,而且要充分表达实际生产环境的不确定性和动态性也较为困难,所以单独使用此类方法来解决实际的规划调度问题具有一定困难。

5.1.2　启发式调度方法

针对规划调度问题的 NP 特性,启发式调度方法并不试图在多项式时间内求得问题的最优解,而是在计算时间与调度性能之间进行折中,以较小的计算量来得到近优或满意解。启发式调度方法通常是指分派规则,在实时调度系统中的应用十分广泛。 关于调度规则的研究很早。Johnson 于 1954 年就提出了 Johnson 算法。根据性能指标,Panwalkar 等将调度规则分成三大类,即优先级规则、启发式调度规则和其他规则,并对各规则的适用情况做了总结。在过去的几十年里,大量的分派规则的性能已经通过仿真技术得到了研究。在动态调度系统中,分派规则以其计算量小、响应快速的优点得到广泛应用,但是它仅考虑了局部信息,难以对全局信息进行把握,较容易陷入局部最优解。

5.1.3　基于仿真的方法

由于生产系统的复杂性,因此往往很难用一个精确的解析模型进行描述和分析。而通过运行仿真模型来收集数据,则能对实际系统进行性能和状态等方面的分析,从而能对系统采用合适的控制调度方法。基于这种思想产生的基于仿真的方法不单纯追求系统的数学模型,而侧重于对系统中运行的逻辑关系的描述,通过对仿真模型的运行来收集数据,并运用这些数据对实际系统进行性能和状态方面的分析,从而对系统采用合适的控制调度方法,选择效果最优的调度方法和系统动态参数。纯仿真方法虽然可以考虑解析模型无法描述的因素,并且可以给使用者提供一个调度性能测试的机会,但其不可避免地存在以下问题:

(1) 应用仿真方法进行调度的代价很高,不仅在于产生调度的计算时间上,而且在于设计、建立和运行仿真模型上;

(2) 仿真的准确性受到人员经验和技巧的限制,甚至很高精度的仿真模型也无法保证通过实验总能找到最优或次优的调度。

5.1.4　基于智能优化的方法

基于智能优化的方法是在神经网络、模糊系统、进化计算等分支发展相对成熟的基础上,通过相互之间的有机融合而形成的新的技术方法,也是智能理论和技术发展的崭新阶段。这些不同的成员方法从表面上看各不相同,但实际上它们是紧密相关、互为补充和促进的。因此,结合多种智能方法进行研究已经成为一种发展趋势。

在智能优化方法的研究中,比较有代表性的有以下几种。

(1) 启发式搜索算法。

启发式搜索算法包括宽度优先搜索、深度优先搜索、Beam 搜索、A 或 A * 算法等。

(2) 专家系统。

专家系统根据系统当前的状态和给定的优化目标,对知识库进行有效的搜索并进行模糊推理,选择最优的调度策略,为在线调度提供智能支持。智能规划和信息系统(intelligent scheduling and information system,ISIS)是第一个旨在解决 Job Shop 调度问题的专家系统。调度专家系统可以产生复杂的启发式规则,利用定性和定量知识,具有智能性,但是开发周期长、费用昂贵且所需的经验和知识难以获取。

(3) 基于 Agent 的调度方法。

基于 Agent 的调度方法是针对日益广泛的分布式调度而兴起的一种新型有效调度技术,吸引了众多学者的目光。

(4) 约束规划。

约束规划通过限制变量选取顺序和变量赋值顺序来减少搜索空间的大小。生产调度系统作业优先指示系统(operational priority indicating system,OPIS)产品族是比较典型的基于约束规划的调度系统。约束规划方法由于考虑多种约束,因此求解代价和求解难度较大。

(5) 基于神经网络(NN)的方法。

基于 NN 的方法具有一定的学习能力,网络的权值也有明确的物理意义。但其存在学习效率差、速度慢、难以表达多知识等问题。

(6) 基于模糊数学的方法。

针对实际调度问题的随机性和模糊性,模糊数学理论被引入调度领域并形成一个新颖的分支。例如,Dubois 等采用基于模糊约束扩展代替清晰参数的表示法对 Flow Shop 问题进行调度。

(7) 遗传算法(GA)。

GA 是 Holland 教授基于自然遗传进化模型提出的并行优化搜索方法。王凌对遗传算法在调度领域的应用进行了比较全面的总结。然而,遗传算法也存在计算速度较慢和早熟的问题。

（8）模拟退火算法（SA）。

SA 可以突破局域搜索的限制，转移到代价较高的解，而且如果选择参数得当，会在很短的时间内收敛。但是，SA 在实际应用中往往不能产生较优的结果，各个参数选择起来也比较困难，如果选择不得当，会使计算时间很长，而且可能得不到好的结果。

（9）禁忌搜索算法（TS）。

TS 通过引入一个灵活的存储结构和相应的禁忌准则来避免重复搜索，并通过藐视准则来赦免一些被禁忌的状态，从而保证多样化搜索，以便实现全局优化。然而，TS 的搜索性能在很大程度上依赖于邻域结构和初始解，限制了它的应用。

5.1.5　基于多智能体的规划技术

对于实际的复杂系统，其中存在多个智能体，为每一个智能体产生合理的行为规划是一个非常困难的问题。近年来，面向智能体的问题求解方法越来越受到人们的关注，许多研究者考虑将多智能体求解的思想应用到多智能体系统的任务规划中。Georgeff 和 Pednault 等利用传统的规划技术产生每个智能体的局部规划，然后将局部规划合成为多智能体系统的规划，在这种方式下，智能体的合作很难实现。为同步各个智能体的规划，Georgeff、Rosenschein 和 Stuart 等通过在单个规划智能体规划中插入通信动作或通信基本要素来实现。在 SIPE 系统中，解决规划中的相互影响和冲突是通过避免资源的多个实例来实现的。另外一种处理相互影响和冲突的策略是使用"问题分析"方法，它在抽象级规划时便识别和避免可能的冲突。但是这些方法都没有充分利用智能体的特性。因此，为提高规划的效率和能力，研究人员对基于多智能体的规划系统中的合作产生规划进行了研究。Wilkins 等于 1998 年提出了基于规划单元（plan cell）的多智能体规划体系结构。在规划单元中，利用一些底层的网络和通信支持，通过一个规划服务器和规划单元管理器来分别实现多个智能体间知识的共享和任务的分解分配以及局部计划的融合，并且在规划中集成了调度算法和规划的执行过程。该结构成功地应用到了美国空中战役规划系统中。

基于多智能体的规划技术是将多个智能体的自主问题求解能力通过通信和协作的方式结合在一起，构成一个功能更加强大的问题求解系统。它充分利用了分布式系统的并行处理能力，提高了问题求解的效率和鲁棒性。其模块化的结构有利于将多种技术融为一体，如调度技术、时间推理技术、资源管理技术等，使规划系统能够处理包含各种约束的更加实际的规划问题。

多智能体环境中，多智能体间的动作是并行的，不由单一智能体控制。一个智能体可以通过通信和协作来试图改变其他智能体的动作。目前的大多数规划算法(如 UCPOP、GraphPlan、SNLP 等)均假设智能体自己是唯一可以改变其所处环境的,不能保证其规划结果不与其他智能体产生冲突,大多数单智能体的规划算法都不能直接使用。因此,需要在规划系统中引入偏序约束。基于多智能体的规划是多个并发的智能体进程同时对各自的目标在其规划空间的搜索。根据协调不同智能体动作的需要,要在可能冲突的动作之间加入偏序约束。这些约束分布在不同的智能体中,因此必须对偏序约束的一致性问题进行判断。

5.2　针对平台任务规划的算法分析

5.2.1　作为满足性的规划

作为满足性的规划(planning as satisfiability)方法的基本思想是猜测一个规划的长度,并将规划问题转化为一组命题公式,然后解决它的可满足性(SAT)问题。如果这组公式是不可满足的,便增加其长度,重复这一过程,直到公式可满足,便返回规划解。目前有许多编码方案,但大多数方案最基本的思想是使用一个命题变量来表示每一步中的每一个可能的操作和每一步中每一个可能的命题。每一个操作变量说明在该步中该操作是存在还是不存在,每一个命题变量说明在规划中的该步中该命题是真还是假。但是这种方法还存在以下缺点:需要对每一个离散的时间点所有可能的操作和命题都必须明确描述,这会造成编码太大;其不能处理连续变化的时间信息和包括时间约束的操作。即便存在上述不足,作为满足性的规划技术仍然得到了一定范围的应用。例如,美国电话及电报公司(AT&T)设计的 BlackBox 规划器是在图规划和作为满足性规划两种方法的基础上开发的。

5.2.2　等级任务网规划

等级任务网规划(HTN)技术是应用比较广泛的一种规划技术,它与经典的规划最基本的不同是:HTN 是将高级的任务分解为原始级任务来解决问题;而经典的规划是通过收集可以到达目标的操作来实现规划的。在 HTN 规划中,目标常常被描述为完成一个高级任务,而不是将要达到的文字的合取。规划过程通过反复地将高级任务扩展成低级的任务来完成高级任务,一个扩展描述成一个转换规则,称为方法(method)。基本上一个方法就是一个从一个任务到一些局部排序的任务网络的映射。等级任务网规划方法示例如图5.1所示,其中也包括一组约束。

每一个扩展之后,HTN 规划查找网络中任务之间的冲突,这些冲突通过使

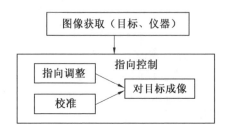

图 5.1　等级任务网规划方法示例

用评价系统来解决,评价系统比较典型的操作是应用额外的顺序来约束或联系或消除重叠。当结果网络中包含的全是原始的任务和所有的约束已经满足之后,规划结束。这种方法的优点是可以通过仔细地设计方法来很好地控制搜索过程,但也存在以下三个缺点:

(1)语义上,HTN 规划系统没有很好地定义分解方法和系统行为的语义,因此也很难评估它的一致性和完整性;

(2)工程上,对于某一应用,实际很难开发一组全面的方法,必须考虑所有系统期望不同种类的任务和完成这些任务所有的有用方法,方法必须覆盖所有的可能性;

(3)HTN 规划系统是非常脆弱的,因为它不能处理那些设计者没有想到的任务。

5.2.3　概率论规划

解决包含不确定性的规划问题,大多数是基于概率论来产生规划,其中主要一种方法是基于马尔可夫决策过程(MDP)的规划。

MDP 是决策论在离散马尔可夫过程基础上的扩展。马尔可夫是一个状态空间,在这个状态空间中,状态之间的过渡有一定的概率。MDP 通过使用"值重复和策略重复"这一技术来求解,该技术为 MDP 搜索最优的策略,选择正确决策的原则是由附加时间的公用函数(utility function)决定的。

应用 MDP 来进行规划最主要的困难仍然是状态空间的大小。例如,对于航天器有 50 个阀门,每个阀门有开和关两个状态,则仅对于阀门就有 250 个不同的可能状态,因此对这个领域的研究往往集中在约束状态空间的大小上。除状态空间问题外,MDP 还有以下的限制。

(1)完全可观测性。

MDP 规划假设在执行了具有不确定结果的行为之后,系统可以观测到结果状态,实际中这是一个不可行的假设(传感器是有限的)。可用部分可观测马尔可夫决策过程(POMDP)来解决这个问题。

（2）时间。

描述中没有明确的时间模型。

（3）目标。

在 MDP 规划中表述目标达到问题通常比较困难。

5.2.4　基于时间的规划技术

上述规划算法大部分不能直接对相关的时间信息进行描述。而对于实际中的许多问题，规划中必须对时间信息进行处理，包括定性时间信息、定量时间信息、相对时间、绝对时间等。因此，在传统规划的基础上提出了基于时间的规划技术。

基于时间的规划系统是将一个简单的时间推理模块（执行调度过程）包括在规划过程中，使用这种方法的规划器称为基于时间的规划器（temporal planner），如 O－Plan、IxTeT、parcPLAN 和基于时间的图规划。基于时间的规划器能够处理时间信息，并能对资源进行推理。它们通常通过显式表示方法或使用时间点网络（TPN）和时间约束网络（TCN）算法来表示时间点上的约束方式，进而管理时间信息。因此，这种规划方法能够管理定量和定性的时间信息。基于时间的规划方法如图 5.2 所示。

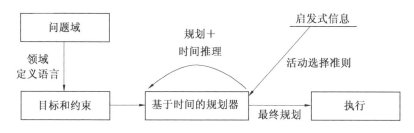

图 5.2　基于时间的规划方法

基于时间的规划器由一个传统的规划器加上一个执行时间推理的时间约束推理器组成。基于时间的规划器在适当时从因果链中实例化活动并根据它们对资源的使用需求和资源可用情况分配给各项活动相应的资源。启发式信息主要用于选择活动。时间约束推理器并没有对规划结果进行优化，因此得到的规划虽然可能是可执行规划，但不一定是优化的。

这种方法虽然能够对时间信息进行描述和推理，但它有以下三个缺点：

（1）基于时间的规划器中的时间推理是有限的，由于这里没有特定的时间管理系统，因此对于规划、活动和共享资源之间存在复杂时间约束的系统，管理这些时间约束是很困难的；

（2）规划中很难执行规划结果的优化，因此最终的规划是可执行的，但可能不是最优或最有效的；

（3）很难区分系统是在规划还是调度，这两个过程混合在一起，因此很难定义通用的启发式信息来提高系统的性能。

5.2.5　调度技术与规划技术

调度是在时间上把有限的资源分配给任务来优化一个或多个目标。从这个定义中可以看出，调度问题的最核心问题是对时间和资源的推理。调度问题通常是优化问题，调度问题中也包括选择问题（如对于给定的活动选择使用那个资源等）。一个常见的调度问题包括：

（1）一个有限的任务集合，每一个任务具有一定的时间区间；

（2）一个有限的资源集合，每一个资源具有一定的容量；

（3）每个任务需要多少资源的说明（可能不是全部）；

（4）任务上的一组顺序约束。

求解调度问题有许多方法，通常是将它描述成约束满足问题（CSP），并用通用的约束满足技术来解决。常用的约束满足问题求解方法有构造策略和局部搜索策略。

规划和调度是两个密不可分的过程。早期规划系统主要着眼为达到目的而进行的活动选择，并不考虑共享资源、定量约束和优化准则等。调度是在规划结束后对规划的结果进行顺序调整和资源分配，这种序列式的规划调度过程存在很多问题，如调度处理的活动都是规划系统确定的，它并不能改变规划结果，所以有时不能够达到调度的要求。而且，当调度失败时，它会重新要求规划系统给出新的规划活动序列，这样的过程很难使问题求解的效率得到提高。尤其是对于一些实际系统，其中包括大量的约束，这种序列式方法就不能进行有效的求解。因此，许多学者提出将规划和调度两个过程集中在一起来解决问题。对包括时间、资源等大量约束的实际系统进行规划和调度时，称之为规划调度系统，有时也简称为规划系统。本书所提到的规划系统统指规划和调度系统。

5.3　针对载荷任务规划的算法分析

5.3.1　确定性最优化方法

确定性最优化方法包括线性规划、目标规划、动态规划、拉格朗日松弛算法和搜索技术（如分枝定界法）等。确定性最优化方法是基于对任务变量和资源变量相应于调度目标的函数关系进行寻优搜索的技术，对于特定的调度目标，能够在多项式时间内得到最优解。这类方法求解效率高,但是适用范围较小。这方面的典型工作有 Gooley 和 Schalck 开发的基于混合整数规划和启发式规则的调度算法,以及 Burrowbridge 设计的基于数学规划的调度算法等。国外还出现了一批专用的或商业的调度方案自动生成软件,如 ASTER(advanced spaceborne thermal emission and reflectance radiometer)、ASPEN、GREAS(generic resouree,event and activity scheduler)、STK(satellite toolkit)/Scheduler 等。这些方法一般计算复杂性大,只适于求解小规模问题,在工程中往往难以实用。

5.3.2　基于约束的分析方法

基于约束的分析方法的基本思想是通过对约束的合理表达,利用约束条件生成、过滤、定量评价各搜索状态,从而实现对搜索过程的指导。典型的工作有:Frank 针对航天观测调度问题提出了一种基于约束的随机贪婪搜索算法;国防科技大学对基于约束规划的卫星任务规划和调度问题进行了广泛深入的研究,取得了较高水平的研究成果。一般来说,该类方法通过对部分可行调度集合的枚举得到最优调度,求解效率得到了一定的提高,但当问题规模增大时,该类方法亦遇到了较大的阻碍。

5.3.3　启发式的调度方法

启发式的调度方法通常没有严格的理论依据,依靠直观的判断或实际调度的经验寻找近似最优解。启发式的调度方法针对调度问题的 NP 完全特性,并不企图在多项式时间内求得问题的最优解,它通常是由专家针对实际的调度系统,参考以前的调度结果和经验设计出的一系列决策规则,在计算时间与调度效果之间进行折中,一个好的启发式算法能够在多项式时间内找到某种程度上的近似优化解。启发式算法很多,例如:Wolfe、Brad 等采用启发式方法和智能搜索算法对地基(地面站)和天基(中继星)测控资源调度问题的研究;Bresina 研究的启发式有偏随机抽样算法(heuristic-biased stochastic sampling,HBSS)成功应用在了哈勃望远镜的观测任务中;国防科技大学的金光等基于地面站资源冲突消解策略提出了一种启发式调度算法,并利用该算法研究了一个 5 站 10 星问题的调度方案;空军工程大学的王远振等也利用启发式规则,根据任务优先级占先策略对测控站资源使用进行了优化配置。

5.3.4　基于智能技术的搜索方法

基于智能技术的搜索方法实质上是基于统计优化的调度方法,其特点是通过数值计算体现系统的智能行为,如 GA、TS、SA 等。智能调度方法提供了一条解决优化调度问题的新途径。Barbulescu 在 AFSCN 实际数据的基础上对 GA、启发式规则搜索算法和局部搜索算法进行比较后得到结论：针对较小的任务规模，启发式规则搜索算法可以取得很好的调度结果，且运行速度较快，但当任务规模增大、调度复杂度增加时，该方法就不再适合，而 GA 可以取得比较好的效果。Parish 利用 GENITOR 算法（一种 GA）进行任务调度，在其设定的模型和条件下，可以得到 96% 的任务成功率。吴斌等应用 GA 进行航天测控资源调度问题的求解，也得到了比较好的效果。

通过对各种算法的对比可以发现，确定性最优化方法和基于约束的方法比较适合求解中小规模的问题。而启发式算法虽然能够用于星群协同观测自主任务规划问题的求解，但启发式的设计缺乏严格的理论依据，较多地依赖于专家的经验，而且当问题规模增大、调度复杂度增加时，启发式的设计也随之变得困难。智能算法以其独特的优势和良好的求解特性日益引起了各国学者的广泛关注，并在相关问题的求解中初步显现出了优势，比较适宜求解星群协同观测自主任务规划问题这样含有复杂约束的多资源、大规模优化问题。虽然目前的研究取得了一定的成果，但依然存在收敛速度慢、易于陷入局部最优等问题。同时，考虑到实现航天器自主运行任务规划时，目前实际的星上计算能力较弱，而智能优化算法通常很耗费时间和计算资源，因此寻找一种满足星上自主任务规划能力需求的优化算法日渐成为国内外学者研究的热点。

第6章

面向平台智能运行的任务规划算法

实现航天器自主性的核心是航天器自主任务规划技术,它根据空间探测的任务要求选择所要执行的活动,并给它们分配资源和时间,这些活动一旦执行,便可以达到预期的目标。

航天器是一个十分复杂的大系统,其中的许多设备和子系统都是并行运行的。因此,在航天器的操作规划过程中必须考虑各个并行系统之间活动的协调一致,否则将会给系统带来消极影响。例如,发动机点火时的振动违背了照相机稳定性的要求,因此照相机进行拍照的时间段内,推进系统不能工作。对其任务进行自主规划需要详细地描述航天器系统的各种知识,包括资源、时间、约束等。采用传统规划系统的 STRIPS 知识描述方法很难满足其复杂需要。这些特点使得航天器操作规划中的知识表示变得复杂和困难,传统的基于命题逻辑的 STRIPS 语言在实际的规划系统中很难准确表示领域知识。

对于这种困难,Allen 提出了一种基于时间区间的活动模型,将每个活动与一个时间区间相联系,用时间区间之间的关系来描述活动之间的关系。另外,Laborie 等研究人员希望附加一定信息到命题中,通过对传统的 STRIPS 语言进行扩充来对系统知识进行描述。这些方法虽然能够对时间进行描述,但计算起来相当复杂,因此设计一种新的规划知识模型方法是实现航天器任务规划的必要基础。这里借用多媒体系统中图形和声音能够同时播放的时间线(timeline)概念,采用状态时间线作为知识表示方法,将每个子系统的状态变量描述成为一个时间线。该状态变量的一个状态或出现在该状态上的活动统称为"活动",规划就是将这些标志在各自的时间线上进行排列,使其满足时间、资源和飞行安全规则的限制。

本章以航天器姿态机动为目标,进一步深入研究航天器自主任务规划方法。首先给出了航天器任务规划问题的描述和定义;然后针对航天器领域的特点,以状态和状态时间线的规划知识表示方法为基础,将活动的时间信息、资源信息及活动之间的约束等信息进行形式化描述,建立了一个适合航天器领域的规划知识模型;最后结合 A * 搜索算法给出了一种基于状态扩展的航天器平台任务规划方法,并以航天器自主导航中的导航拍照任务为例进行了仿真分析。

6.1　航天器任务规划问题

航天器是一个物理的系统,而任务规划由软件完成,从而需要采用一种机制对航天器系统进行描述。这里采用的是状态的方式。

航天器执行一系列的活动达到一定的目标。也可以说,航天器是在经历一系列的状态变化而最终到达一个目标状态。这样,活动的规划问题可以转化成状态的规划问题。NASA 对下一代航天开发任务管理系统鼠标抽屉系统(mice drawer system,MDS)采用的就是状态描述,基于状态的规划正是基于这一种思想设计的。

状态表示与活动表示的不同如下:

① 状态具有连续性和唯一性,可以利用状态本身的性质,在某一时刻只可能取一个值;

② 约束满足检查方便,可以利用状态的性质进行约束满足的检查;

③ 减少搜索空间,因为只需要在同一状态时间线内进行搜索。

6.1.1　状态

(1) 状态变量。

状态变量用于表示状态的属性值。例如,若存储器作为一种状态,则其状态变量为存储器当前已有的存储量;若姿态作为一种状态,则其状态变量为当前的姿态四元数;等等。

(2) 状态。

在某一时间区间内,状态变量按一定规律变化,则把这一区间视为一个状态,如航天器姿态在一定时间区间内按一定速率旋转,资源在一定时间区间内按一定速率消耗等。状态可以通过起始状态变量、终止状态变量及状态属性表示。其中,状态属性决定状态的状态变量变化情况。

不同的状态有不同的状态属性,如导航相机的状态属性就包括 off(关闭)、on(打开)、imaging(拍照)、calibrating(校准)。状态属性间的切换是有约束的,如导航相机只能在打开的状态下才能够进行下一步的拍照,而不能由关闭状态直接过渡到拍照。导航相机的状态属性切换如图 6.1 所示。

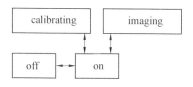

图 6.1　导航相机的状态属性切换

状态的状态属性可以分为两类:时间自由的和约束固定的。其中,时间自由的状态属性的时间区间是自由的,也就是说时间区间的变化对规划不会造成影响。对应地,如果状态属性的时间区间由约束固定给出,显然其是受限制的,一般情况下其为固定值或能够与另外属性的取值相关。例如,导航相机状态中,状态属性 off 为时间自由的,而 imaging、on、calibrating 则为约束固定的;姿态状态中,状态属性 point(指向)是自由的,而 slew(转换)是约束固定的,且 slew 的时间区间与其两端连接的 point 属性的取值相关。

6.1.2　关系

(1)时间线。

状态时间线表示此状态在某段时间内按时间顺序的变化情况,则状态时间线与状态一一对应,规划结束时整个时间线连续地布满状态,且相邻的状态满足切换约束。图 6.2 所示为导航相机状态时间线。

图 6.2　导航相机状态时间线

(2)约束。

约束可以分为两种:时间线内约束和时间线间约束。上面谈到的状态属性间的切换约束属于时间线内部的约束。另外,同一状态的前提条件也是时间线内部约束,如导航相机拍照前的校准。探测器是一个存在并行的复杂系统,其描述需要多个状态,而多个状态间存在约束。例如,导航相机拍照过程中,探测器姿态必须保持指向某一给定目标,这个约束涉及导航相机和姿态两个时间线,属于时间线间的约束。

时间线内约束可以通过定义状态属性的切换准则来实现,即定义每一状态属性前面和后面可行的状态属性集合,则属性 A、B 间允许插入的状态属性为 A 后面可行状态属性集合与 B 前面可行状态属性集合的交集。

时间线间约束涉及两个时间线,把引入约束的时间线称为主动时间线,而另外一个称为被动时间线。对于上面的例子,姿态必须指向某一给定目标这一约束是由导航相机引起的,则导航相机时间线为主动时间线。这类约束可以简化成时间区间的关系,具体为定义两个对应区间两端点的关系,如上述约束中,导航相机拍照的区间为$[a,b]$,则姿态保持指向的区间$[c,d]$必须满足

$$\begin{cases} a-c>d_1, & d_1>0 \\ d-b>d_2, & d_2>0 \end{cases} \tag{6.1}$$

6.1.3　基于状态的描述

通过上面的状态变量、状态、时间线、约束的定义,可以对探测器规划问题进行描述。整个探测器当前的属性其实也是一个状态描述,而对于这里的规划问题,把与规划相关的属性归结为一系列的状态,具体为姿态状态、导航相机状态、天线状态、资源状态等。以探测器姿态状态为例,其状态变量和状态的定义分别如图 6.3 和图 6.4 所示。

```
AttVar
{
    float time；// 时刻
    Att_ Qua att；// 四元数
}
```

图 6.3　姿态状态变量的定义

```
AttState
{
    char * statename；// 状态属性
    AttVar S_ Var；// 初始状态
    AttVar E_ Var；// 终止状态
    char * timelinename；// 对应时间线的名称
}
```

图 6.4　姿态状态的定义

6.2　基于 A* 的搜索策略

A* 算法是非常重要的一类搜索算法,目前在路径规划、优化计算等多个领域均取得了成功应用。之所以采用 A* 搜索算法,是因为当它与 Best-First 搜索算法结合使用时,可以确保得到的解一定是优化解。下面首先简单给出

Best-First 算法和 A ∗ 算法,然后说明规划的建立过程。

6.2.1　Best-First 搜索策略

Best-First 搜索算法结合了深度优先(深先)搜索和广度优先(广先)搜索的优点,根据一个评价函数,在目前产生的所有节点中选择具有最小(或最大)评价函数值的节点进行扩展。因此,与深先(广先)搜索相比,其具有全局优化的观念。图 6.5 所示为 Best-First 搜索策略。

(1) 使用评价函数构造堆 H,首先构造由根组成的单元素堆;
(2)if(H 的根 r 是目标节点)
　　then 解已经找到,停止;
(3) 从 H 中删除 r,把 r 的子节点插入 H;
(4)if(H 为空)
　　　then 失败;
(5)else
　goto(2);

图 6.5　Best-First 搜索策略

6.2.2　A ∗ 算法

A ∗ 算法在人工智能中是一种典型的启发式搜索算法,目前主要利用它来实现人工智能中的路径搜索问题,这里将之应用于任务规划领域。图 6.6 所示为 A ∗ 算法的简要描述。

　规定对于任意节点 n
　$g(n) = $ 从根节点到 n 的代价(也称为耗散)
　$h^*(n) = $ 从 n 到目标节点的优化路径的代价(但这个值是无法知道的)
　$f^*(n)$ 为节点的真实代价,有 $f^*(n) = g(n) + h^*(n)$
　$h(n)$ 为 $h^*(n)$ 的估计值,且满足 $h(n) \leqslant h^*(n)$
　$f(n)$ 为节点的估计代价,有 $f(n) = g(n) + h(n) \leqslant g(n) + h^*(n)$

图 6.6　A ∗ 算法的简要描述

定理 6.1　使用 Best-First 策略搜索树,如果 A ∗ 选择的节点是目标节点,则该节点表示的解是优化解。

证明　令 n 是任意扩展到的节点,t 是选中的目标节点,即证 $f(t) = g(t)$ 是优化解代价。

(1) 因为 A ∗ 算法使用 Best-First 策略,所以 $f(t) \leqslant f(n)$。

(2) 因 为 A ∗ 算 法 使 用 $h(n) \leqslant h^*(n)$ 估 计 规 则, 所 以 $f(t) \leqslant f(n) \leqslant f^*(n)$。

(3) 因为 n 是任意扩展到的节点,所以 $\{f^*(n)\}$ 中必有一个为优化解的代价,令其为 $f^*(s)$,则 $f(t) \leqslant f^*(s)$。

(4) 因为 t 是目标节点,$h(t)=0$,$f(t)=g(t)=g(t)+h(t)$ 就是经 t 的解的代价,又因为 $f^*(s)$ 是优化解代价,所以 $f(t) \geqslant f^*(s)$。

综合(3)和(4),有 $f(t)=f^*(s)$,证毕。

因此,使用 Best-First 搜索算法,并用 $f(n)$ 作为评价函数,当找到的节点是目标节点时,算法停止,此时返回的解一定是优化解。

6.3　基于状态扩展的任务规划算法

采用状态、状态时间线的方式对航天器的任务及其约束进行描述,则任务的规划可以由时间线内和时间线间的扩展得到。

6.3.1　时间线内的扩展

规划的目标为时间线内的状态,而状态属性切换受到约束,则可能从初始状态属性不能直接过渡到目标状态,这就要求按照一定的规则进行状态的扩展。时间线内的扩展包括两类:前提条件扩展和切换约束扩展。前提条件扩展为给状态一些状态属性,使其满足一定的前提条件,如导航相机拍照前需要处于打开状态,而必要时还需要加入校准状态。切换约束扩展为当两个状态不能够直接过渡时,在二者之间插入状态,如相机拍照状态不能立即关闭,而需要有一定的打开状态延续,从而中间需要插入打开的状态。

对于前者,直接加入相应的状态,而后者通过对时间线内约束的求解实现,即求取两个不能直接过渡的状态间的交集,然后利用交集中的元素连接两状态。

图 6.7 所示为导航相机时间线的扩展,目标为一次拍照,初始和终止相机状态属性为关闭。通过 1、2、3、4 的扩展就能够最终形成满足条件的状态时间线,其中 1、3、4 属于前提条件扩展,2 属于切换约束扩展。

6.3.2　时间线间的扩展

为满足时间线间的约束,还需要进行时间线间的扩展,扩展的准则是以主动时间线为参考,在被动时间线插入相应的状态属性。图 6.8 所示为导航相机与姿态时间线间的扩展,在主动时间线,导航相机需要进行校准和拍照,为满足约束,此时姿态必须保持在对应时刻指向一给定目标,其中目标 A、B 分别由校准和拍照给出,而 a、b、c、d 的取值由约束定义给出。

当主动时间线为资源时间线时,时间线间的扩展略有不同,其也是通过在被

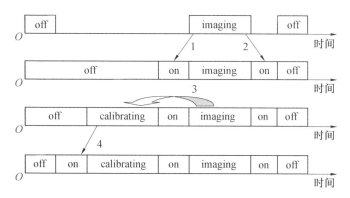

图 6.7 导航相机时间线的扩展

动时间线上插入相应的状态。例如,存储器中的数据量不能超出某一限定值,当其超出时,就需要在天线时间线上插入下传状态。主动时间线为资源时间线的扩展,如图 6.9 所示。其中,d 为天线 sending 状态属性的持续时间,而此次下载数据的总量 $h = g(d, A)$(A 为天线的参数)。

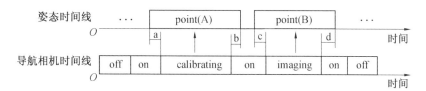

图 6.8 导航相机与姿态时间线间的扩展

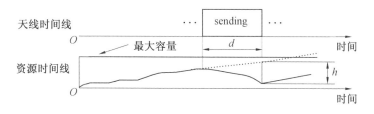

图 6.9 主动时间线为资源时间线的扩展

6.3.3 基于状态扩展的任务规划求解算法

利用状态及状态时间线对航天器规划问题进行描述,本书提出基于状态扩展的规划算法,算法根据给定的初始、中止状态和要实现的目标进行扩展,其主要是通过时间线内和时间线间的不断扩展,直至满足所有约束。基于状态扩展的任务规划求解算法具体过程如图 6.10 所示,其流程图如图 6.11 所示。

```
Expand(state st)
{   st → TLst；// 找到 st 对应的时间线
    S_ TL_ Expand(TLst)；// 时间线内扩展
    TLst → TLst-rel // 找到与 TLst 相关的时间线
    D_ TL_ Expand(TLst,TLst-rel) // 时间线间的扩展
    Refine()； // 修补
}
```

图 6.10　基于状态扩展的任务规划求解算法具体过程

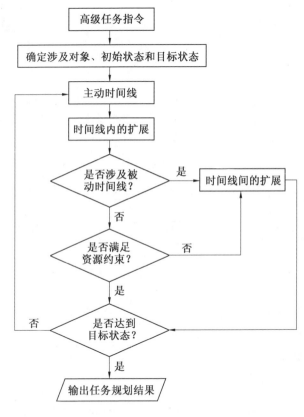

图 6.11　基于状态扩展的任务规划求解算法流程图

　　任务规划是一个规划与调度过程,其中规划为生成能够实现目标的任务序列,而调度是完成任务序列的处理,以使其能够满足资源的约束。本书采用规划与调度分开的方式,即先在不考虑资源的情况下生成任务序列,然后加入资源时间线进一步扩展,从而完成最终的任务规划。

　　下面以规划给定时刻对目标进行拍照任务为例,说明整个规划的流程。初始和终止状态如图 6.12 所示。

图 6.12　初始和终止状态

（1）扩展规划。

扩展规划是在不考虑资源约束的情况下，通过扩展的方式生成能够实现目标的状态序列。对于上面问题，扩展规划的步骤如下。

① 在相应时间点上加入规划的任务，这里在导航相机时间线上的对应时刻加入 imaging(37) 状态，并通过加入 on 状态完成时间线内的扩展。这里 on 状态的时间区间是由约束定义给出的，而 off 状态的时间区间是自由的，更新 off 的时间区间使整个时间线连续。另外，如果这次拍照前导航相机需要校准，则在 off 状态间插入相机校准的状态。导航相机时间线扩展如图 6.13 所示。

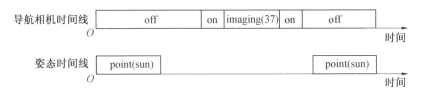

图 6.13　导航相机时间线扩展

② 完成时间线间的扩展，如图 6.14 所示。与导航相机相关且被动时间线的为姿态时间线，在姿态时间线上的对应位置加入 point(37)。其中，point(37) 的属性参数探测器的指向姿态需要通过计算得到，具体为先通过计算得到目标星的位置，然后通过导航相机矢量指向目标星及太阳帆板光照条件确定探测器姿态。

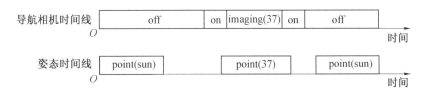

图 6.14　时间线间的扩展

③ 完成姿态时间线内的扩展，具体为在两个 point 状态之间加入 slew 状态。其中，slew 的时间区间可由 point(sun) 和 point(37) 的属性取值求得，具体为

point(sun) 和 point(37) 对应姿态间的机动时间,前面计算过程已经介绍。

通过上述三个步骤,最终得到了图 6.15 所示的姿态时间线扩展,显然其能够满足相关约束并能够实现目标的状态。

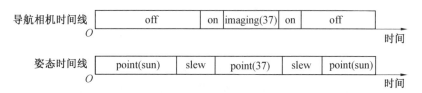

图 6.15　姿态时间线扩展

(2)调度。

通过扩展规划能够满足部分约束,但探测器任务规划问题还需要考虑到资源约束,这里仅考虑可再生资源,其可以通过一定的方式获取,如电能可以通过太阳帆板对日产生太阳能补充,而存储器可以通过向地面下传数据而恢复其存储容量等。如果通过扩展规划中得到的状态序列能够满足资源约束,则调度过程中不需要对状态序列进行任何操作。现假设在 imaging(37) 时存储器容量不够,则需要进行如下调度过程。

① 在天线时间线上插入状态 sending,并完成时间线内的扩展,其中 sending 的时间区间由要下载的数据量决定,天线时间线扩展如图 6.16 所示。

② 与规划扩展相同,完成天线时间线与姿态时间线间的扩展,如图 6.17 所示。

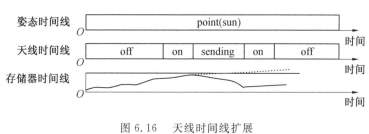

图 6.16　天线时间线扩展

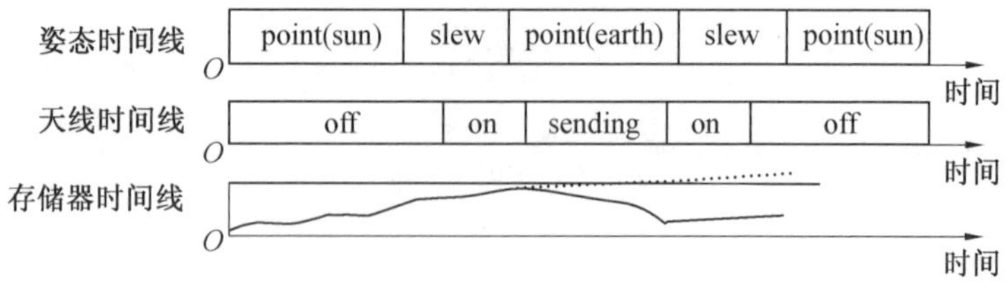

图 6.17　天线时间线与姿态时间线间的扩展

由此可以得到图 6.18 所示的按状态时间线扩展的任务规划结果示意图。

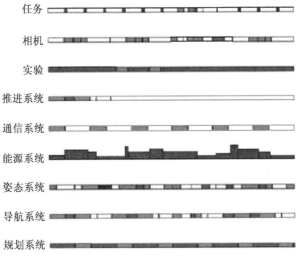

图 6.18　按状态时间线扩展的任务规划结果示意图

6.4　仿真示例

以规划一次导航拍照为例验证上述算法的有效性,并分别以不同的初值进行规划。其中,资源为航天器的内存,最大值为 800 MB,可以通过向地面下传数据来减少内存中的数据量。规划的条件和结果如下。

(1)导航相机已校准,内存初值为 0.0。规划结果示意图如图 6.19 所示,主要的活动为姿态的一次机动。

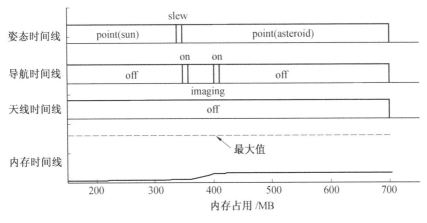

图 6.19　规划结果示意图 1

（2）导航相机已校准，内存初值为700.0。规划结果示意图如图6.20所示，由于内存会溢出，因此需要一次天线的数据下传，而同时姿态需要进行机动，使天线对准地球。

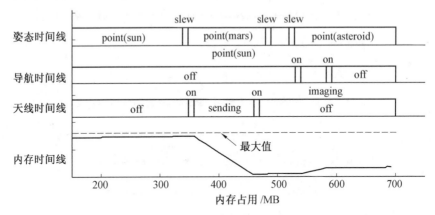

图6.20　规划结果示意图2

（3）导航相机未校准，内存初值为0.0。规划结果示意图如图6.21所示，导航相机在拍照前需要校准，而校准需要姿态机动到校准目标。

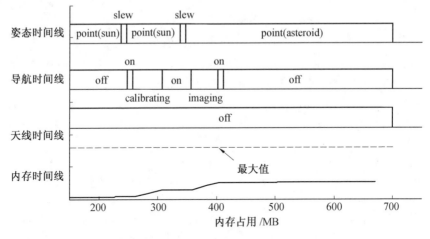

图6.21　规划结果示意图3

（4）导航相机未校准，内存初值为700.0。规划结果示意图如图6.22所示，此时导航相机需要校准，且需要一次天线的数据下传，则姿态需要机动到相机对准校准目标和天线对准地球。

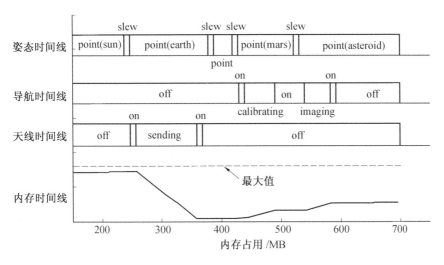

图 6.22　规划结果示意图 4

第7章

航天器智能任务筹划及自主决策

7.1　航天器智能任务筹划问题描述

随着航天技术和航天装备的不断发展,部分国家的全球在轨卫星已突破千颗。包括导航、遥感、通信在内的航天资源越来越丰富,其种类和规模不断扩大,其应用的领域也不断拓展,如提供灾害评估预测、国土资源调查、城市管理规划、农业估产减灾、军事侦查保障、导航定位授时、卫星宽带通信等服务。因此,以遥感、通信、导航系列卫星构成的航天综合信息网络被广泛应用于国家安全、经济建设和人民生活的诸多领域,也逐步成为未来智能科技发展的重点领域。

随着卫星数量和种类的迅速增加,天基信息的时效要求和快速响应要求越来越高,因此对航天器管控水平提出了更高的要求,迫切需要发展航天器自主运行技术,以降低地面指控负担,提升天基信息获取能力。同时,考虑未来可能的航天信息应用模式,实现直接面向终端用户的航天信息保障服务,提高卫星的自主决策和协同规划能力,使得其在不依赖地面指控中心的条件下自行对任务属性要求的确定、各星载荷的使用和搭配进行协同优化调整。这有利于快速掌握目标动态,从而保障对目标的及时、持续、高效、高精度观测,能够有效提升航天信息获取能力和需求服务保障。而在航天器自主运行过程中,卫星任务需求决策是实现航天器自主运行不可或缺的环节,其一般过程为:基于目标形态、地理位置、气象条件等不同的航天综合场景信息,合理决策配置卫星载荷类型、分辨率、任务优先级等任务属性要求。传统的卫星任务需求决策环节通常依赖航天领域专家的经验知识和推理判断,由航天专家综合考虑卫星轨道配置、状态、能力及用户需求,进一步细化并确定包含航天资源属性指标(如载荷类型、分辨率等)的任务要求,再由指控中心根据此任务要求对卫星资源进行分配,给出满足优化要求的卫星任务规划序列。

但是,随着近年来航天资源数量和种类的不断丰富,以及航天信息综合应用的深化和军民需求的不断拓展,对航天信息和航天资源迫切依赖的用户群体将呈现爆炸式增长。而航天信息应用处理的专家人才相比之下并没有太多的增加,难以适应和满足未来航天信息综合应用的模式和需求。因此,如何在满足实现航天信息应用深化和拓展的同时充分考虑航天信息应用的知识基础,在航天领域专家人才有限但航天信息应用需求众多的情况下实现卫星任务筹划等中间应用环节的自动化和智能化,成为目前航天领域值得关注的重要研究方向。同时,也对在现有航天信息综合应用模式机制下,寻找有效的卫星任务属性智能配置方法提出了迫切要求,从而为实现应用航天信息高效化、综合化、深度化提供重要的技术支持。

另外,近年来以深度学习算法为代表的 AI 技术飞速发展,在计算机视觉、语音识别、语义理解等领域实现了应用和突破,也为解决航天领域相关问题提供了一种新的思路和方法。

7.2　航天器的任务产生机制分析

传统的卫星任务产生与分发是通过地面控制中心,依据卫星遥测数据对其进行处理和分析后,获取目标形态、目标类型、气象条件、事件背景等信息,并考虑相关约束条件(包括卫星资源状态、有效载荷使用规则与约束、载荷观测模式、光照条件限制等),从而根据有限资源合理制定局部最优的卫星遥感任务,确定载荷类型、分辨率参数、任务优先级、观测时效性、观测次数及频率等任务需求信息,即完成卫星任务筹划,为后续多星协同任务规划与调度提供任务信息来源。基于人类专家知识和经验的传统卫星任务产生机制流程如图 7.1 所示。

在传统卫星任务产生机制下,通常需要依靠具有相关领域知识和积累了丰富经验的航天专家。但面对众多复杂环境时,往往不可避免地引入人的主观因素或出现判断失误,难以持续保障决策方案的准确性。同时,依靠人工进行任务筹划过程通常存在耗费时间较长、配置过程延迟等问题,难以保障对航天信息高效化、深度化应用的需求。

相较于传统卫星任务产生机制,基于卫星任务属性智能配置的任务产生机制可直接根据航天信息数据(如卫星势态评估、星座势态评估、空间环境条件、观

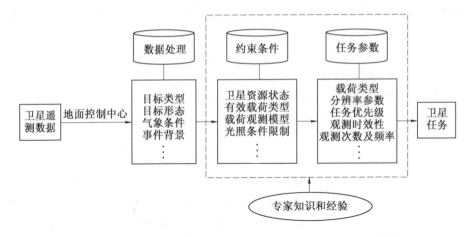

图 7.1　基于人类专家知识和经验的传统卫星任务产生机制流程

测目标状态及背景信息等）进行任务筹划,给出明确的任务工作模式、载荷类型及载荷工作模式、任务优先级等任务属性及参数要求,由此产生卫星任务指令。基于卫星任务属性智能配置模型的任务产生机制如图 7.2 所示。

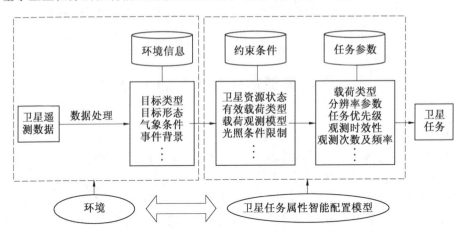

图 7.2　基于卫星任务属性智能配置模型的任务产生机制

　　基于卫星任务属性智能配置模型,可直接根据航天信息数据针对不同卫星任务场景进行任务制定,快速完成卫星任务筹划过程,得到卫星任务需求结果。这代替了传统任务产生机制依赖人工进行任务筹划的过程,在一定程度上为进一步提升航天信息的有效利用、提高卫星快速响应能力及空间资源利用效率提供有力支持。

7.3　航天器智能任务筹划及自主决策问题描述

为实现卫星任务属性智能配置,首先需要建立卫星任务筹划模型。参考目前人工进行卫星任务筹划的过程,采集并整理少量优秀专家范例样本,提取其中的配置规则,并采用合理的方式进行规则的表述,由此建立卫星任务筹划规则模型。后续的研究工作均将以此模型为基础和标准进行仿真结果分析和验证。

7.3.1　问题描述

依赖航天专家推断和决策的卫星任务筹划是一个抽象的过程,通常难以充分提取和准确表述人类思考过程中的规则方法和思维模式。而卫星任务筹划规则模型就是在探索和寻求一种较合理的方式来表示卫星任务筹划过程,并能从少量优秀专家范例样本中提取一些简单的规则,用合理的数学语言进行描述。

7.3.2　基本要素

参考实际过程中地面控制中心基于目标信息对卫星任务筹划过程的相关知识和经验,建立卫星任务筹划规则模型,明确相关要素如下。

(1) 输入要素。

输入要素为经过筛选和提取的航天信息,即经过处理与识别后的卫星遥测数据,主要包括目标属性(目标类型、目标形态等)和场景背景(地理位置、气象条件、攻击因素等)。输入要素参数示例表见表 7.1。在此模型中本书暂不考虑目标识别过程,仅将目标识别与数据分析结果作为模型的输入要素来源。

表 7.1　输入要素参数示例表

基本要素	属性参数	参数选项
输入要素	目标类型	合作目标、非合作目标
	目标形态	营地、机场、大型舰艇
	地理位置	如[N30,E120]
	气象条件	多云、雨天、晴天
	攻击因素	攻击性、非攻击性、未知

(2) 输出要素。

输出要素为卫星任务筹划结果,给出了明确的任务指标要求,主要包括载荷类型、观测模式、分辨率、任务优先级、观测时效性、数传时效性、光照条件等多项任务属性参数。输出要素参数示例表见表 7.2。

表 7.2　输出要素参数示例表

基本要素	属性参数	参数选项
输出要素	载荷类型	可见光、红外、SAR
	观测模式	模式一、模式二
	分辨率	0.1 m、0.5 m、1 m
	任务优先级	紧急任务、一般任务
	观测时效性	30 min 内、1 h 内、1 h30 min 内、2 h 内
	数传时效性	30 min 内、1 h 内、1 h30 min 内、2 h 内
	光照条件	需要光照、不需光照

（3）约束条件。

约束条件主要考虑环境及资源因素对卫星任务筹划的影响。约束条件示例表见表 7.3，其中包括气象条件、光照条件、地形条件及工况条件。气象条件考虑云层分布、大气能见度等可能影响观测效果的约束；光照条件考虑光照角度、光照强度等载荷选择的依据条件；地形条件和工况条件分别是指地面目标所处地形地貌环境（如山地、平原、海洋等）以及地面目标是否掩体、是否电磁静默等。此类条件通常会影响对任务属性参数的选择。

表 7.3　约束条件示例表

基本要素	属性参数	参数选项
约束条件	气象条件	云层分布、大气能见度
	光照条件	光照角度、光照强度
	地形条件	地面目标所处地形地貌环境（如山地、平原、海洋等）
	工况条件	地面目标是否掩体、是否电磁静默

7.3.3　样本参数

根据上述基本要素分析，选择并梳理典型的要素参数，可以得到样本数据基本参数，见表 7.4。其中，目标信息参数主要包括目标类型、目标形态、目标位置（经度、纬度）、气象条件、攻击因素；任务属性参数主要包括载荷类型、观测模式、分辨率、任务优先级、观测时效性、数传时效性、光照需求。

表 7.4　样本数据基本参数表

目标信息（输入）	任务属性（输出）
目标类型	载荷类型
目标形态	观测模式
经度	分辨率
纬度	任务优先级
气象条件	观测时效性
攻击因素	数传时效性
—	光照需求

为简化模型，本书依据实际卫星任务筹划过程，考虑一些常见的典型卫星任务场景，总结并罗列其属性参数选项，任务属性基本参数选项表见表 7.5。其中，在目标信息包含的参数中，目标类型主要分为合作目标（己方目标）和非合作目标（非己方目标）；目标形态主要分为营地、机场和大型舰艇等；目标位置由经度和纬度表示；气象条件主要考虑多云、雨天和晴天；攻击因素分为攻击性（对己方有攻击倾向）、非攻击性（对己方无攻击倾向）和未知。在任务属性的参数中，载荷类型主要考虑可见光、红外和 SAR；观测模式分为模式一和模式二；分辨率包括 0.1 m、0.5 m 和 1 m；任务优先级分为紧急任务和一般任务；观测时效性和数传时效性均由时间段 0.5 h 内、1 h 内、1.5 h 内、2 h 内表示；光照条件分为需要光照和不需光照两种情况。

表 7.5　任务属性基本参数选项表

参数名称		参数选项			
目标信息（输入）	目标类型	合作目标	非合作目标	—	—
	目标形态	营地	机场	大型舰艇	—
	经度	[−180,180]			
	纬度	[−90,90]			
	气象条件	多云	雨天	晴天	—
	攻击因素	攻击性	非攻击性	未知	—
任务属性（输出）	载荷类型	可见光	红外	SAR	—
	观测模式	模式一	模式二	—	—
	分辨率	0.1 m	0.5 m	1 m	—
	任务优先级	紧急任务	一般任务	—	—
	观测时效性	0.5 h 内	1 h 内	1.5 h 内	2 h 内
	数传时效性	0.5 h 内	1 h 内	1.5 h 内	2 h 内
	光照条件	需要光照	不需光照	—	—

7.4 航天器任务属性智能配置问题的数学模型

基于上述卫星任务筹划及决策问题分析，建立航天器任务筹划问题数学模型，将专家感性经验进行数字化描述，基于归一化处理后的各项参数，分别赋予其合理的数值区间描述。航天器任务属性智能配置数学表征模型见表 7.6。

表 7.6　航天器任务属性智能配置数学表征模型

参数名称		参数选项			
目标信息（输入）	目标类型	合作目标	非合作目标	—	—
	区间描述	$(\alpha_1^{(1)},\alpha_1^{(1)}+\varepsilon^{(1)})$	$(\alpha_2^{(1)},\alpha_2^{(1)}+\varepsilon^{(1)})$	—	—
	目标形态	营地	机场	大型舰艇	—
	区间描述	$(\alpha_1^{(2)},\alpha_1^{(2)}+\varepsilon^{(2)})$	$(\alpha_2^{(2)},\alpha_2^{(2)}+\varepsilon^{(2)})$	$(\alpha_3^{(2)},\alpha_3^{(2)}+\varepsilon^{(2)})$	—
	经度	$[-180,180]$			
	区间描述	$(0,1)$			
	纬度	$[-90,90]$			
	区间描述	$(0,1)$			
	气象条件	多云	雨天	晴天	—
	区间描述	$(\alpha_1^{(5)},\alpha_1^{(5)}+\varepsilon^{(5)})$	$(\alpha_2^{(5)},\alpha_2^{(5)}+\varepsilon^{(5)})$	$(\alpha_3^{(5)},\alpha_3^{(5)}+\varepsilon^{(5)})$	—
	攻击因素	攻击性	非攻击性	未知	—
	区间描述	$(\alpha_1^{(6)},\alpha_1^{(6)}+\varepsilon^{(6)})$	$(\alpha_2^{(6)},\alpha_2^{(6)}+\varepsilon^{(6)})$	$(\alpha_3^{(6)},\alpha_3^{(6)}+\varepsilon^{(6)})$	—
任务属性（输出）	载荷类型	可见光	红外	SAR	—
	区间描述	$(\alpha_1^{(7)},\alpha_1^{(7)}+\varepsilon^{(7)})$	$(\alpha_2^{(7)},\alpha_2^{(7)}+\varepsilon^{(7)})$	$(\alpha_3^{(7)},\alpha_3^{(7)}+\varepsilon^{(7)})$	—
	观测模式	模式一	模式二	—	—
	区间描述	$(\alpha_1^{(8)},\alpha_1^{(8)}+\varepsilon^{(8)})$	$(\alpha_2^{(8)},\alpha_2^{(8)}+\varepsilon^{(8)})$	—	—
	分辨率	0.1 m	0.5 m	1 m	—
	区间描述	$(\alpha_1^{(9)},\alpha_1^{(9)}+\varepsilon^{(9)})$	$(\alpha_2^{(9)},\alpha_2^{(9)}+\varepsilon^{(9)})$	$(\alpha_3^{(9)},\alpha_3^{(9)}+\varepsilon^{(9)})$	—
	任务优先级	紧急任务	一般任务	—	—
	区间描述	$(\alpha_1^{(10)},\alpha_1^{(10)}+\varepsilon^{(10)})$	$(\alpha_2^{(10)},\alpha_2^{(10)}+\varepsilon^{(10)})$	—	—
	观测时效性	0.5 h 内	1 h 内	1.5 h 内	2 h 内
	区间描述	$(\alpha_1^{(11)},\alpha_1^{(11)}+\varepsilon^{(11)})$	$(\alpha_2^{(11)},\alpha_2^{(11)}+\varepsilon^{(11)})$	$(\alpha_3^{(11)},\alpha_3^{(11)}+\varepsilon^{(11)})$	$(\alpha_4^{(11)},\alpha_4^{(11)}+\varepsilon^{(11)})$
	数传时效性	0.5 h 内	1 h 内	1.5 h 内	2 h 内
	区间描述	$(\alpha_1^{(12)},\alpha_1^{(12)}+\varepsilon^{(12)})$	$(\alpha_2^{(12)},\alpha_2^{(12)}+\varepsilon^{(12)})$	$(\alpha_3^{(12)},\alpha_3^{(12)}+\varepsilon^{(12)})$	$(\alpha_4^{(12)},\alpha_4^{(12)}+\varepsilon^{(12)})$
	光照条件	需要光照	不需光照	—	—
	区间描述	$(\alpha_1^{(13)},\alpha_1^{(13)}+\varepsilon^{(13)})$	$(\alpha_2^{(13)},\alpha_2^{(13)}+\varepsilon^{(13)})$	—	—

航天器任务筹划问题数学模型主要如下。

（1）目标信息要素。

目标信息要素主要包括目标类型、目标形态、地理位置、气象条件、攻击因素等。

（2）任务属性要素。

任务属性要素主要包括载荷类型、观测模式、分辨率、任务优先级、观测时效性、数传时效性、光照条件等。

（3）数字化表征模式。

针对目标信息和任务属性要素的数字化描述，基于归一化处理后的各项参数，分别赋予其合理的数值区间描述。表 7.6 中，各项参数的区间描述为 $(\alpha_i^{(j)}, \alpha_i^{(j)} + \varepsilon^{(j)})$。其中，$i$ 表示参数选项且 $i = 1, 2, \cdots, n$；j 表示任务参数且 $j = 1, 2, \cdots, m$；ε 为该项参数选项对应的数值描述区域大小。

对此，本书分别设计了宽域模式和窄域模式两种数字化描述方式：

① 宽域模式。在宽域模式下，卫星任务筹划模型中的各项参数被限定在具有一定宽度的区间范围内，即当满足 $\varepsilon \approx 0.5 \pm \sigma$ 时，则为宽域模式。

② 窄域模式。在窄域模式下，各项参数被设置在某一数值周围微小波动，即当满足 $\varepsilon \approx 0.02 \pm \sigma$ 时，则为窄域模式。

7.5　航天器任务筹划及自主决策方法

动态 Wasserstein 生成对抗式网络（Wasserstein generative adversarial nets，WGAN）生成扩展的卫星任务样本库，为卫星任务属性智能配置过程提供了大量的样本数据。基于这些包含不同典型卫星任务筹划规则的卫星任务样本数据，可将卫星任务筹划问题看作一个对多种卫星任务场景分类后，在对应典型配置规则子样本库中进行搜索匹配，然后输出卫星任务筹划方案的过程。对此，本书提出一种基于 SVM－WGAN 的卫星任务属性智能配置算法，采用支持向量机（SVM）与 WGAN 结合的方法，在利用 WGAN 网络扩展生成的卫星任务样本库的基础上，针对多种典型卫星任务筹划规则，实现对任一包含目标信息的卫星任务场景进行任务属性智能配置的过程，从而实现代替人工经验推断，对卫星任务属性进行快速配置和决策。

7.5.1 基于 SVM - WGAN 的卫星任务筹划算法总体框架

卫星任务属性智能配置的一般过程为:依据卫星遥测数据获得的目标类型、气象条件等航天信息,为卫星任务配置载荷类型、分辨率、观测时效性等属性参数,从而提出带有明确指标要求的卫星任务,以用于之后针对该卫星任务进行精细的调度和规划。在求解卫星任务属性智能配置问题中,其输入要素为已知的目标信息参数,输出要素为符合人类配置决策内隐规则和知识的卫星任务属性参数。如何实现从输入到输出的准确配置,是求解卫星任务属性智能配置与决策的关键。

SVM 用于表征数据间的映射关系,针对数据空间进行特征提取,从而实现对样本数据的分类。本书利用 SVM 能够对数据进行准确分类的这一特性,结合基于动态 WGAN 网络生成的包含多种典型卫星任务场景和任务筹划规则的大量样本数据,由此设计并提出了一种基于 SVM - WGAN 的卫星任务筹划方法。基于 SVM - WGAN 的卫星任务属性智能配置方法如图 7.3 所示。

基于 SVM - WGAN 的卫星任务筹划算法的主要思想为:首先收集整理航天专家针对典型场景下的卫星任务筹划方案样本,每个样本由目标信息和卫星任务属性参数构成;然后基于这些有限的专家范例样本,通过训练 WGAN 网络,生成符合专家范例样本规则的卫星任务场景及任务筹划扩展样本库;最后针对任一目标信息参数的输入,经过 SVM 进行分类识别后,确定输入目标信息所属的卫星任务场景类别为 E_x,根据该场景类别给出对应的索引号 X,根据索引号 X 在扩展样本库中匹配对应规则 X 的子样本库,在其中搜索与当前输入目标信息参数匹配度最高的卫星任务筹划方案样本,提取并输出其中的卫星任务属性参数,由此即完成了一次完整的卫星任务属性智能配置决策过程。

7.5.2 基于 SVM 的卫星任务场景分类识别

在卫星任务属性智能决策配置过程中,针对任一输入的目标信息参数,首先需要识别该输入信息所属的卫星任务场景类型,以匹配对应此卫星任务场景的任务筹划规则。这里所涉及的卫星任务场景分类识别就是一个典型的多分类问题。SVM 最初是针对二分类问题提出的,对于求解多分类问题,目前一般分为直接法和间接法两种方式。

(1)直接法。

直接法是指仅使用一个 SVM 直接在目标函数上进行修改,将多个分类面的参数求解问题转化为一个最优化问题,通过求解该最优化问题达到"一次性"实现多分类的目的。这种方法虽然看似简单,但其中涉及对目标函数的改进和设计,实现起来比较困难,且其计算复杂度比较高,一般只适用于求解小型问题。

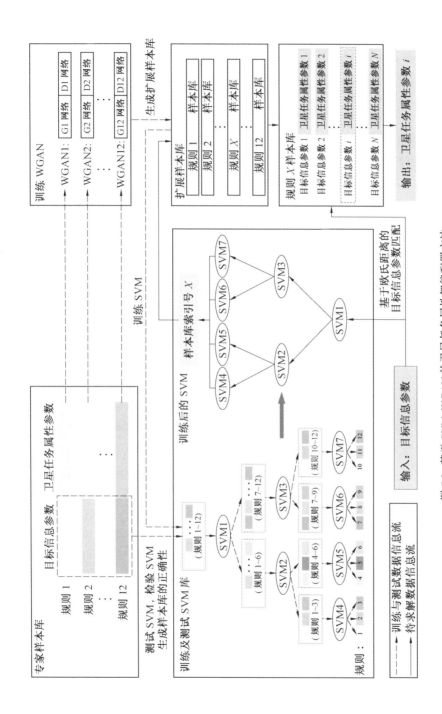

图 7.3　基于 SVM-WGAN 的卫星任务属性智能配置方法

（2）间接法。

间接法主要通过组合多个二分类 SVM 来实现多分类器的构造。常见的组合方法包括一对一法（one-versus-one SVM）、一对多法（one-versus-rest SVM）、决策导向无环图（decision directed acyclic graph SVM）和决策树法（decision tree SVM）等。其中，利用一对一法求解多分类问题的基本思想为：在每两类样本之间设计一个 SVM，对于一个 K 类问题而言，则共需要设计 $K(K-1)/2$ 个 SVM。在进行测试时，根据 Friedman 提出的投票策略，$K(K-1)/2$ 个子分类器均将对测试数据进行类别决策，若判别 i 类场景和 j 类场景的 SVM 分类器判别 x 属于 i 类，则给 i 类票数加 1，否则给 j 类票数加 1，以此类推，最终累计各类别的得分，选择得分最高所对应的类别为测试数据的类别。

基于一对一法的主要思想，针对 12 类典型规则下的卫星任务场景多分类问题，考虑若对每类样本分类需要的 SVM 数量较多，可能难以获得良好的分类效果。本书采用将各类样本数据划分集合的形式，结合三个二分类 SVM 和四个三分类 SVM 实现对 12 类规则下的卫星任务场景进行分类。12 类典型规则下的卫星任务场景多分类算法流程如图 7.4 所示。

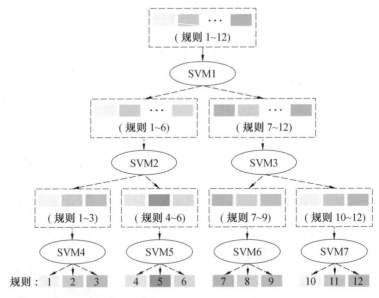

图 7.4　12 类典型规则下的卫星任务场景多分类算法流程

卫星任务场景多分类算法的基本流程如下。

（1）将 12 类卫星任务场景对应规则划分为两个集合，分别为规则 1～6 样本数据集和规则 7～12 样本数据集，训练二分类器 SVM1 对这两类数据集样本进行分类。

（2）分别对规则 1 ～ 6 样本数据集和规则 7 ～ 12 样本数据集进行数据划分，训练二分类器 SVM2 对规则 1 ～ 3、规则 4 ～ 6 两类数据集进行分类，训练 SVM3 对规则 7 ～ 9、规则 10 ～ 12 样本数据集进行分类。

（3）通过训练三分类器 SVM4、SVM5、SVM6 和 SVM7 分别对规则 1 ～ 3、规则 4 ～ 6、规则 7 ～ 9 和规则 10 ～ 12 样本数据集进行分类。

7.5.3　算法实现流程

基于 SVM－WGAN 的卫星任务筹划算法主要流程如下。

（1）基于动态 WGAN 算法学习不同典型任务场景下的卫星任务筹划内隐规则，针对每种规则，分别生成大量的目标信息－卫星任务属性样本对，形成卫星任务场景及任务筹划样本库，第 i 类典型规则对应的目标信息－卫星任务属性样本数据集为 $X_i = \{x_{i1}, \cdots, x_{is}\}$。

（2）对卫星任务场景及任务筹划样本库中所有类典型规则进行数据采样，将经过截断处理后只保留目标信息参数的样本数据通过 SVM 进行分类训练，直至 SVM 能够准确对所有类典型规则进行分类识别。

（3）输入任一目标信息参数 $input_i$，通过 SVM 判别该输入目标信息属于卫星任务场景 E_i，满足第 i 类任务筹划规则。

（4）调用生成网络库 G 中的对应第 i 类规则的 G_i 网络，通过 G_i 网络生成一个目标信息－卫星任务属性样本对。

（5）对 G_i 网络生成的目标信息－卫星任务属性样本对进行截断处理，仅提取卫星任务属性参数数据，并输出卫星任务属性参数 $output_i$。

7.5.4　基于扩展样本库的卫星任务筹划准确性验证

1. 仿真说明

基于动态 WGAN 网络扩展生成的卫星任务样本库，针对 12 类典型卫星任务筹划规则，形成 12 类典型规则下的卫星任务筹划子样本库。对于任一输入的目标信息，确定其属于的场景类别后，索引到相应的规则类型下的卫星任务筹划子样本库，并将输入的包含目标类型、目标形态、地理位置等目标信息参数与对应规则类型下子样本库中的目标信息参数进行欧氏距离计算，匹配子样本库中欧氏距离最小的目标信息－卫星任务属性样本对，输出卫星任务属性参数，完成基于该输入目标信息的卫星任务筹划过程。

依据上述卫星任务筹划过程，本书采用 Matlab 软件完成基于扩展样本库的卫星任务筹划仿真试验。首先根据宽域模式下的卫星任务筹划规则，针对每种规则分别产生 100 个目标信息－卫星任务属性测试样本对；然后截取测试样本对中的目标信息参数,分别与基于 WGAN 网络生成的对应规则下的卫星任务样本库,每类规则对应的子样本库包含 2 000 个样本,提取其中的目标信息参数数据与输入目标信息参数进行欧氏距离计算,匹配对应规则下目标信息参数欧氏距离最小的样本数据,截取样本对中的卫星任务属性参数作为配置结果;最后将该配置结果与宽域模式下的卫星任务筹划规则进行对比,判断其配置结果的准确性。

2. 仿真结果分析

针对宽域模式下的 12 类卫星任务筹划规则,分别对 100 个对应卫星任务场景下的测试目标信息进行对应规则下的子样本库搜索匹配,得到配置结果准确率(表 7.7 和表 7.8)。可以看出,在宽域模式下,12 类典型规则的卫星任务筹划扩展子样本库对卫星任务筹划结果的准确率基本都能达到 80% 以上,由此可以说明基于扩展样本库的卫星任务筹划过程具有一定的有效性、合理性和可靠性。

表 7.7 1~6 类典型规则对应子样本库搜索配置结果准确率统计表

规则	1	2	3	4	5	6
宽域模式 /%	81.95	83.90	92.9	83.25	87.85	95.20

表 7.8 7~12 类典型规则对应子样本库搜索配置结果准确率统计表

规则	7	8	9	10	11	12
宽域模式 /%	80.15	77.56	82.61	80.50	82.35	91.55

第8章

面向载荷智能运行的任务规划算法

如5.3节所述,多种优化方法均可用于航天器载荷任务规划问题的求解。智能搜索方法因其较好的寻优能力而能够处理较为复杂的实际问题,目前应用较为广泛。本章以其中的遗传算法为例,介绍航天器载荷任务规划问题的求解技术。

航天器载荷任务规划问题作为一个带有时间窗约束的复杂组合优化问题,使用传统优化算法对其求解时虽然能够以较少的时间获取一定质量的解,但实践证明该解仍有较大的提升空间。相比之下,遗传算法能够获取质量更高的解,但是遗传算法是一种随机性的搜索算法,需要逐步在整个解空间中搜索,对航天器的任务规划问题的决策变量数量多,与之相应的解空间也自然巨大,因此算法时间开销较大。同时,由于 GA 是一种随机性算法,算法的实用性要求任务规划的遗传算法必须能够稳定地获取高质量的解,这也是 GA 设计的一个难点。下面对遗传算法设计中的主要问题进行逐一介绍。

8.1 编码方式

在利用遗传算法进行卫星任务规划时,常采用二进制编码方式(图8.1)。染色体的每一位代表某一目标对应的时间窗口,它的取值为 0 或 1,代表了这一时间窗口是否被选择安排观测任务,染色体长度即为所有目标对于探测器的可见时间窗口数量。

考虑场景设置中规划的时长周期可能较长,目标的可见时间窗口数量很多,

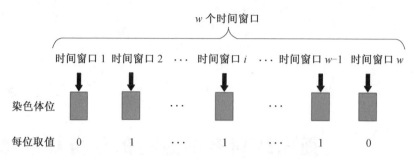

图 8.1　遗传算法二进制编码方式

采用二进制编码方式时染色体过长,而染色体的每一位都需要利用约束条件进行冲突检查,这将导致运算时间过长,降低算法效率。

因此,也可以采用实数编码方式(图 8.2)。

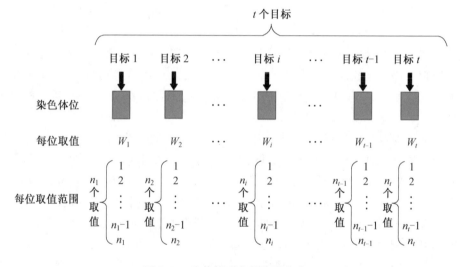

图 8.2　遗传算法实数编码方式

染色体每一位代表一个目标。例如,对于全体目标集合 I 中的一个目标 i,它对应染色体的第 i 位,假设这一位的取值为 W_i,目标 i 对于探测器一共有 n_i 个可见时间窗口,将每一个时间窗口编号使其分别与 $1 \sim n_i$ 一一对应,则染色体在该位的取值 W_i 为这 n_i 个自然数中的一个,表示这一目标的观测任务选择目标 i 的第 W_i 个时间窗口来完成,这样就建立了染色体与问题的搜索空间的点之间的映射关系。

8.2   初始群体产生

一般来讲,遗传算法的搜索性能与(初始)群体的分布(多样性)密切相关,因此可采用随机方法产生初始群体的染色体串。当然,如果为快速得到可行解,也可以采用贪婪策略等启发式进行初始群体生成,此时算法虽然在更大概率上会收敛到某一局部最优值,但算法的运行时间一般会显著缩短,适用于满足有较高时效性要求的任务场景。

8.3   适应值计算

适应值是遗传算法中选择的方向和标志,它是连接算法与优化目标的桥梁,直接影响到算法解决实际问题的性能和效率。适应值函数通常是根据问题的优化目标来建立的,通过评价种群中个体的适应度来选择个体。本章直接将数学模型中的目标函数选取为适应值函数。

8.4   选择机制

在遗传过程中,由于交叉、变异这些遗传操作的随机性,因此新产生的子代不一定能够完全继承父代的优秀基因。为达到进化的目标,就需要设计一定的选择机制,将不够优秀的子代淘汰。

因此,可以采用如下的选择机制:对新产生的种群,采用精英保留策略,即种群中适应值最高的个体直接选中进入交配池,剩余的个体按照轮盘赌选择机制进行选择。这样,适应值高的个体进入交配池的概率较大,适应值低的个体将基因片段遗传下去的概率较小,完成了类似自然界生物进化优胜劣汰的过程。进入交配池的个体数量与种群数量相等。

8.5   变异策略

当种群中个体间适应值相差不大时,说明种群基因的多样性较低,有可能出现进化停滞的情况,导致全局搜索不足,陷入局部最优。为此,通过变异操作能够在一定程度上改善这一问题,但变异在整个遗传操作中只是作为基因复制和交叉的补充。因此,对于每一进入交配池的个体,其染色体按照较小的变异概率决定是否进行变异操作。当染色体被选中进行变异时,随机选择染色体中的某一位,随机重新为这一基因位赋值,即完成了变异操作。染色体变异方式如图8.3所示。

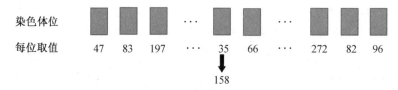

图 8.3　染色体变异方式

8.6　交叉策略

交叉操作模拟生物进化的繁殖现象,通过交换两条染色体的基因片段产生新的个体。对交配池的所有个体,变异环节结束后即进行交叉操作。染色体交叉操作如图8.4所示。

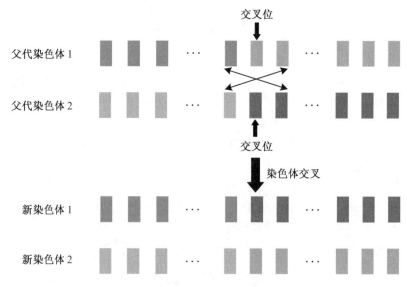

图 8.4　染色体交叉操作

为尽量保持下一代基因的多样性,随机选择交配池中的两个个体进行染色体交叉。本书采用单点交叉方式,即只随机选择一个交叉点,以交叉点为界将原染色体分成两段,两染色体互换其中的一段,完成交叉操作,产生新的个体,新个体的数量应当与种群规模相同。

8.7　种群更新

交叉操作结束后将产生新的个体,只有当新的个体适应度高于原来的个体时,才用新的个体替换原来的个体作为子代进入下一代种群中,否则不对原来的个体进行替换,保留进入下一代,这样逐代优化下去就能得到最优解。

8.8　终止条件

对遗传算法来说,一个较为简单且实用的规则是:规定最大迭代次数 T,当算法的迭代次数达到该最大值时停止操作,并输出结果。通常迭代次数与种群规模有关。种群规模较大时,迭代次数也相应较大;种群规模较小时,迭代次数也相应较小。本节设定的终止条件为通过一些仿真试验确定一定的进化次数,使种群适应值在进化后期没有明显提高,当种群完成这些迭代后就停止算法。

8.9　算法实现流程

算法设计完成后,可以采用 C++、C#、JAVA、Python 等编程语言进行算法实现,算法实现流程图如图 8.5 所示。

(1)对每一个任务按照前述编码方式进行编码,产生初始种群。

(2)考虑各种约束条件对染色体每一位即每一任务进行冲突检查,没有通过冲突检查的任务则放弃执行,令染色体该位的值为 0。

(3)完成检查后计算每一个体的适应值,获得具有最高适应值的最佳个体。

(4)若满足结束条件,则停止算法,转向(5);否则按选择机制选择个体进入交配池,完成变异、交叉操作,产生新个体,并进行种群更新,得到下一代种群,返回(2)。

(5)算法结束,获得进化之后的最佳个体,输出相应的规划方案。

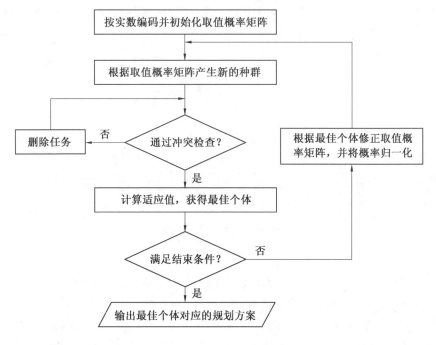

图 8.5 算法实现流程图

8.10 仿真示例

8.10.1 仿真环境

在本节的试验仿真中,仿真计算机的相关参数见表 8.1。

表 8.1 仿真计算机的相关参数

Windows 版本	Windows 7 旗舰版
系统类型	64 位操作系统
处理器	Intel Core i3 − 3220 CPU @ 3.30 GHz
安装内存	8 GB

8.10.2　仿真结果示例

(1) 基于优化目标一的任务仿真。

优化目标一为观测收益最大,每个目标随机分配 10 ～ 30 M bit 的存储空间,并假设航天器携带十种观测载荷。仿真时间从 2017 年 4 月 2 日零点至 2017 年 4 月 3 日零点,时长为 1 d(86 400 s)。由于遗传算法存在概率选择性,因此通过十次仿真进行比较,基于优化目标一的十次初始任务规划结果见表 8.2。

表 8.2　基于优化目标一的十次初始任务规划结果

运行次数	观测任务		测控数传任务	
	运行时间 /s	最优解适应值	运行时间 /s	最优解适应值
1	1 221.8	2 242.4	276.257 6	2 012.9
2	1 333.2	2 186.7	276.043 8	2 012.9
3	1 263.4	2 242.4	272.330 9	2 513.0
4	1 364.5	2 235.8	267.806 9	2 344.1
5	1 258.6	2 161.7	274.936 2	2 136.1
6	1 186.5	2 173.3	273.937 8	2 248.1
7	1 227.4	2 237.0	270.926 9	2 139.1
8	1 243.8	2 183.3	279.569 4	2 001.4
9	1 408.1	2 217.0	272.674 1	2 229.7
10	1 269.3	2 242.4	273.594 6	2 051.1
最大值	1 408.1	2 242.4	279.569 4	2 513.0
最小值	1 186.5	2 161.7	267.806 9	2 001.4
平均值	1 277.66	2 212.2	273.807 8	2 168.84

基于优化目标一的观测任务仿真结果示意图如图 8.6 所示。

(2) 基于优化目标二的任务仿真。

优化目标二为观测目标数量最多(考虑目标有面积大小区别,故数量为非整数),其余同上文。仿真时间从 2017 年 4 月 2 日零点至 2017 年 4 月 3 日零点,时长为 1 d(86 400 s)。用遗传算法进行十次运算,基于优化目标二的十次初始任务规划结果见表 8.3。

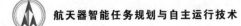
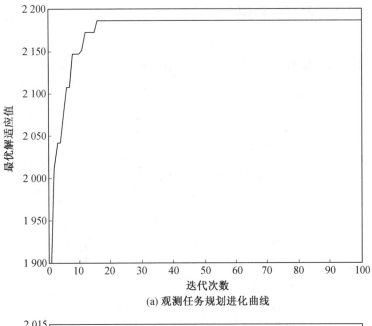

(a) 观测任务规划进化曲线

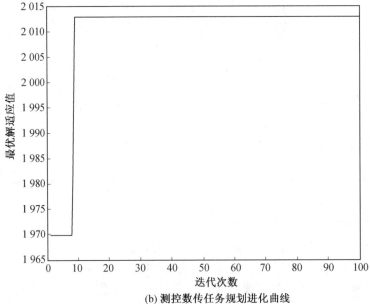

(b) 测控数传任务规划进化曲线

图 8.6　基于优化目标一的观测任务仿真结果示意图

注：图 8.6(c)、(d) 中短柱状条表示测控数传任务，长柱状条表示观测任务，柱状条上方数字表示观测目标编号。

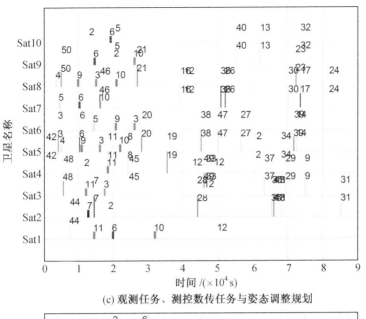

(c) 观测任务、测控数传任务与姿态调整规划

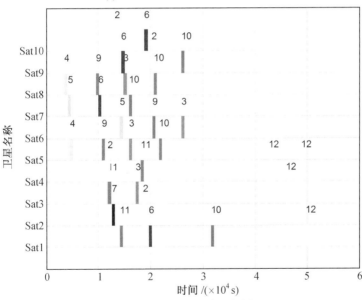

(d) 测控数传任务规划

续图 8.6

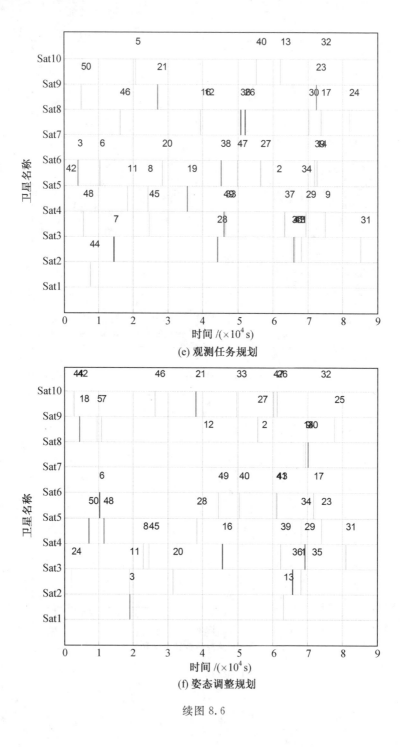

(e) 观测任务规划

(f) 姿态调整规划

续图 8.6

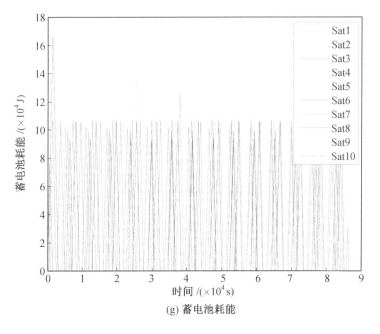

(g) 蓄电池耗能

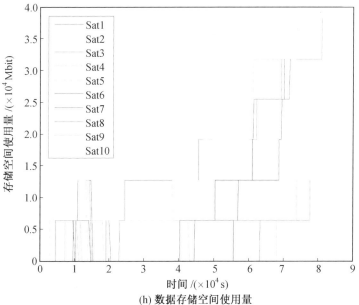

(h) 数据存储空间使用量

续图 8.6

表 8.3　基于优化目标二的十次初始任务规划结果

运行次数	观测任务		测控数传任务	
	运行时间 /s	最优解适应值	运行时间 /s	最优解适应值
1	1 410.6	704.442 0	219.5	2 242.6
2	1 309.8	704.442 0	216.6	2 422.3
3	1 750.9	703.442 0	216.1	2 213.2
4	1 389.0	704.442 0	218.7	2 291.0
5	1 114.9	688.581 9	218.0	2 215.7
6	1 185.7	690.535 7	210.9	2 057.5
7	1 262.8	702.359 9	235.6	2 012.9
8	1 255.8	704.442 0	209.9	2 175.6
9	1 302.9	699.085 5	209.1	2 341.8
10	1 363.1	704.442 0	211.7	2 129.1
最大值	1 750.9	704.442 0	235.6	2 422.3
最小值	1 114.9	688.581 9	209.1	2 012.9
平均值	1 334.55	700.621 5	216.61	2 210.17

基于优化目标二的观测任务仿真结果示意图如图 8.7 所示。

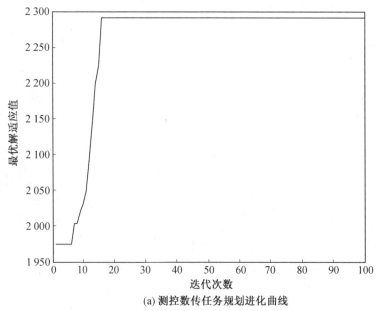

(a) 测控数传任务规划进化曲线

图 8.7　基于优化目标二的观测任务仿真结果示意图

注:图 8.7(c)、(d) 中短柱状条表示测控数传任务,长柱状条表示观测任务,柱状条上方数字表示观测目标编号。

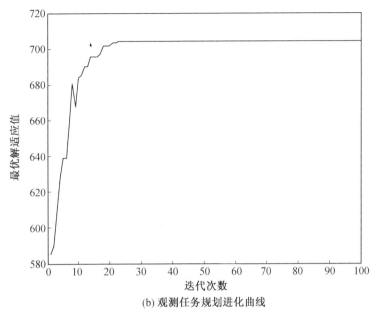

(b) 观测任务规划进化曲线

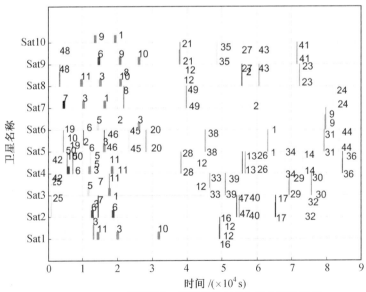

(c) 观测任务、测控数传任务与姿态调整规划

续图 8.7

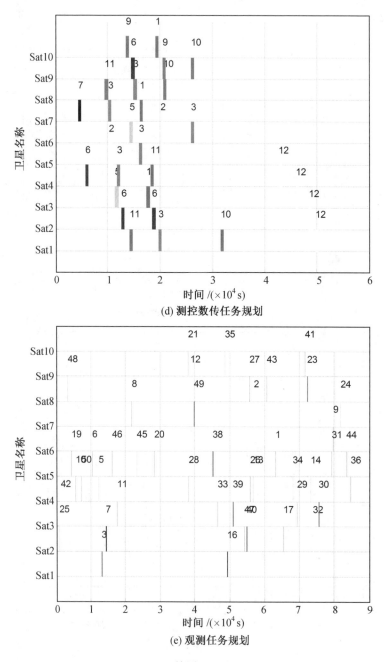

(d) 测控数传任务规划

(e) 观测任务规划

续图 8.7

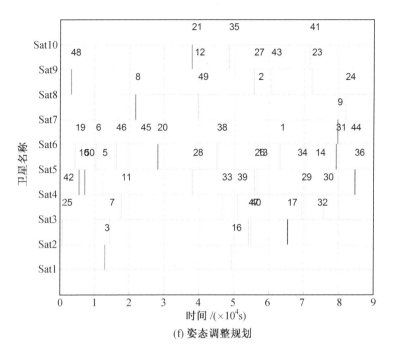

(f) 姿态调整规划

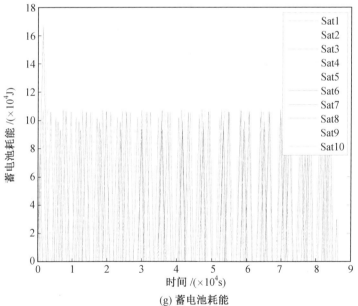

(g) 蓄电池耗能

续图 8.7

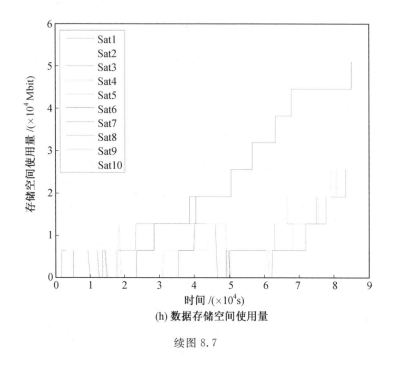

(h) 数据存储空间使用量

续图 8.7

8.11　算法性能分析

（1）基于实数编码的遗传算法与基于 01 编码的遗传算法性能比较。

面向探测器载荷任务规划问题，将基于实数编码方式的遗传算法与基于 01 编码的遗传算法进行寻优能力、计算速度等方面的比较分析。为直观体现二者的计算性能，不加入约束条件计算，控制参数除编码方式外的其他变量保持一致，采用多次运算（十次）的方法对结果进行统计，得到基于不同编码方式的遗传算法进化曲线（目标数量 50），如图 8.8 所示。

对比图 8.8(a) 和(b) 可以看出，在相同迭代次数的情况下，基于实数编码方式的遗传算法得到的适应值明显高于基于 01 编码遗传算法的适应值，表明实数编码遗传算法对求解探测器载荷任务规划问题具有较强的寻优能力，且其算法稳定性良好。基于不同编码方式的遗传算法运算结果数据统计表见表 8.4，基于不同编码方式的遗传算法最优适应值比较折线图如图 8.9 所示，基于不同编码方式的遗传算法运行时间比较柱状图如图 8.10 所示。

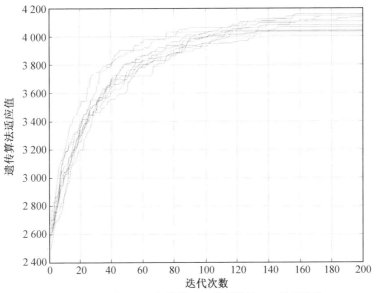

(a) 实数编码：目标数量 50、种群数量 30、迭代次数 200

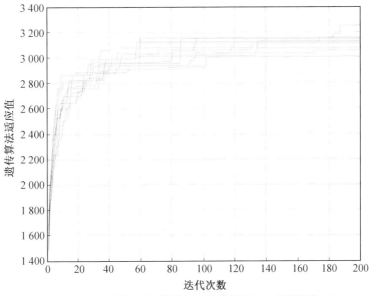

(b) 01 编码：目标数量 50、种群数量 30、迭代次数 200

图 8.8　基于不同编码方式的遗传算法进化曲线（目标数量 50）

表 8.4　基于不同编码方式的遗传算法运算结果数据统计表

运行次数	最优适应值		运行时间 /s		编码长度	
	实数编码遗传算法	01 编码遗传算法	实数编码遗传算法	01 编码遗传算法	实数编码遗传算法	01 编码遗传算法
1	4 101	3 251	15.07	1 236.46	50	729
2	4 039	3 058	15.55	1 207.07	50	729
3	4 154	3 159	15.51	1 221.49	50	729
4	4 074	3 126	15.43	1 217.60	50	729
5	4 146	3 073	14.68	1 219.80	50	729
6	4 035	3 125	15.46	1 222.91	50	729
7	4 137	3 150	15.94	1 230.60	50	729
8	4 145	3 113	15.62	1 235.59	50	729
9	4 027	3 013	15.51	1 234.51	50	729
10	4 067	3 144	15.54	1 232.31	50	729
最大值	4 154	3 251	15.94	1 236.46	50	729
最小值	4 027	3 013	14.68	1 207.07	50	729
平均值	4 092.167	3 123	15.431	1 225.156	50	729

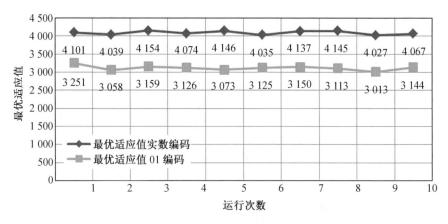

图 8.9　基于不同编码方式的遗传算法最优适应值比较折线图

根据上述结果可知,基于实数编码遗传算法的编码长度取决于目标数量,而基于 01 编码遗传算法的编码长度由规划时段内所有卫星对目标的可见时间窗口数量决定,即在规划时长 1 d(24 h) 内探测器对全部目标的所有可见时间窗口(在本例中为 729 个)为其编码长度。根据最优适应值和运行时间数据的比较可以看出,基于实数编码遗传算法在寻优能力和计算速度方面均优于基于 01 编码

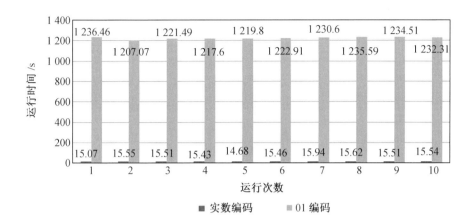

图 8.10　基于不同编码方式的遗传算法运行时间比较柱状图

遗传算法,尤其是在计算速度方面,利用基于 01 编码遗传算法求解多星任务规划问题,其平均计算时长约为基于实数编码遗传算法的 80 倍。由于基于实数编码遗传算法在编码方式上显著缩短了染色体长度,因此以上仿真结果验证了其在计算效率方面的显著优势。

（2）基于实数编码遗传算法求解大规模载荷任务规划问题的性能分析。

为进一步验证基于实数编码遗传算法在推广至大规模复杂运算时的算法性能,加入时间窗口、能源、存储等约束条件,利用基于实数编码遗传算法分别进行了面向 25 ～ 250 个目标的十组任务规划仿真,每组均进行十次运算,得到不同目标数量下的遗传算法仿真运行时间统计表,见表 8.5。不同目标数量下的遗传算法运行时间比较柱状图和比较折线图分别如图 8.11 和图 8.12 所示。

表 8.5　不同目标数量下的遗传算法仿真运行时间统计表

运行次数	运行时间 /s									
	25 个目标	50 个目标	75 个目标	100 个目标	125 个目标	150 个目标	175 个目标	200 个目标	225 个目标	250 个目标
1	24.66	39.53	46.83	55.46	66.46	70.93	64.82	65.02	69.62	78.92
2	25.04	43.07	48.00	57.64	68.72	73.46	63.80	64.79	71.40	78.53
3	24.93	43.18	52.95	61.62	71.12	74.71	64.24	65.13	77.14	80.34
4	25.86	43.60	53.82	64.35	71.90	75.72	64.22	66.92	79.47	84.77
5	27.99	42.73	54.93	66.00	69.53	72.98	67.11	70.45	82.07	84.77
6	29.13	44.04	54.77	65.44	69.31	72.54	68.59	73.23	82.74	86.75
7	29.14	42.79	54.69	66.89	68.87	73.26	70.31	73.01	82.65	86.11
8	29.94	42.31	55.52	67.10	69.36	71.93	70.17	73.15	83.07	86.44
9	30.67	43.12	55.13	66.28	70.15	73.23	70.92	72.15	83.60	85.68

续表8.5

运行次数	运行时间 /s									
	25 个目标	50 个目标	75 个目标	100 个目标	125 个目标	150 个目标	175 个目标	200 个目标	225 个目标	250 个目标
10	30.76	42.29	56.41	65.24	68.98	72.07	75.68	71.17	83.77	88.14
最大值	30.76	44.04	56.41	67.10	71.90	75.72	75.68	73.23	83.77	88.14
最小值	24.66	39.53	46.83	55.46	66.46	70.93	63.80	64.79	69.62	78.53
平均值	27.795	42.519	53.024	63.215	69.397	73.123	68.278	69.420	79.077	83.927

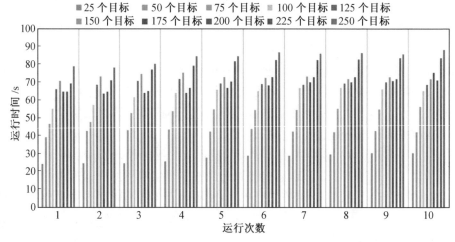

图 8.11　不同目标数量下的遗传算法运行时间比较柱状图

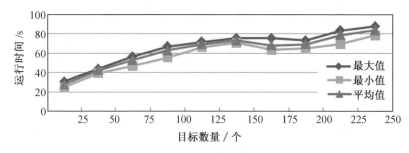

图 8.12　不同目标数量下的遗传算法运行时间比较折线图

由上述结果可知,当目标数量由 25 个增加到 250 个时,基于实数编码的遗传算法平均运行时间仅增加了 60 s 左右,且随着目标数量的增加,算法的运行时间变化趋势较为平缓,表明基于实数编码遗传算法在推广至大规模运算时,仍具有良好的算法稳定性和较优的计算效率。

第 9 章

航天器智能任务规划与自主运行的模式与体系

传统卫星地面测控运营模式完全依赖地面测控人员对卫星进行管控。当卫星数量少时,这种管控方式可以充分发挥管控人员的智慧和经验;但当卫星数量较多时,这种管控方式就会存在工作量大、容易产生错误等缺陷。这就催生了多星分布式自主协作工作运行模式的研究。协作是"能力"得以提高的重要手段,而面向观测任务的星群协作关系不仅体现在时空几何关系上,而且存在于卫星的物理特性、运行机制和功能特性等多个方面。因此,本章着重分析对地观测星群在自主协作运行模式下的主要特征、总体功能要求,以及星群自主运行模式实现的主要机制等。

9.1　星群自主协作运行模式分析

9.1.1　自主协作运行的基本特征

自主协作运行的对地观测星群是指可以在没有或很少依赖于地面系统的情况下,具备自行协作完成观测任务能力的星群。其根本特征为:能够主动感知变化的、不确定的系统及环境状态,并根据总的观测任务目标,自主规划和协同行动。其中,为每颗卫星发出控制指令序列者是星上的决策控制中心,而不是地面的测控支持中心系统。这种"智能移位"本质上是将原先由地面系统所承担的测量、决策、规划、调度和控制功能及其所具备的自适应性、自组织性和智能性等特征转移到在空间运行的各个卫星上,运控人员的经验与智慧则逐步由 AI 来取代。

无论是对现有的(或规划中的)空间系统进行归纳分析,还是对未来发展趋势进行符合逻辑的推断,其结果均表明,星群的自主性可呈现在多个不同的层次上,并分布在两个极端之间:一端是完全被控,即由地面系统完全控制卫星的轨道与姿态及其工作模式等;另一端则是完全自主,即卫星系统仅接收处于抽象层次的任务描述指令,就能够完全自主地规划并实施任务执行的每一步骤。当前的卫星系统基本上是贴近于前者,其自主程度相当低;而未来发展趋势则是不断向后者扩展,最终达到近乎可完全自主运行的程度。

9.1.2 自主协作运行的总体功能要求

在总体功能上,对地观测星群的自主协作可体现在自主协作对地观测上。具体向下分解,系统的各种不同功能和不同层次的实体均可被赋予自主能力。它们不仅是将地面测控系统的诸多功能移植过来,而且呈现出新的系统构成模式和运营策略,自主性、灵活性、自适应性和稳健性等是其基本特征。其具体功能要求主要包括以下几点。

(1)自主任务管理与生成。

任务通常来源于两个方面:一是地面运营者或用户发出的任务需求;二是面向系统顶层的抽象任务目标。例如,在具体的任务执行过程中,根据观测对象的态势变化,自主选择新的观测目标并生成新的观测任务等。

(2)自主任务规划与调度。

在系统构成体系中,各层次上的实体均可有其自主规划和调度的具体内容。自上而下,任务的分配是从抽象到具体的过程,即根据顶层的多个任务目标,依据当前系统、环境及观测目标的状态(如资源使用、观测几何、数据下传窗口、带宽等条件),规划与调度的算法将相应的任务内容分配到各个实体单元。例如,确定待观测的目标,确定哪些卫星实施观测、各卫星在哪些时段进行观测,对多卫星平台及其遥感器的轨道机动、姿态调整进行规划调度,安排遥感器的规划视场、频段、分辨率,确定能源使用策略等,力图使观测效益达到最佳化。

(3)自主状态感知与监测。

主动监测系统中各种实体的状态信息及互动信息。例如,监测星群中各卫星的相对位置与姿态,为其自主控制、构型保持等提供必要信息,当观测目标发生变化或出现新的事件时,自主调整卫星遥感器的观测模式和参量。

(4)星上信息处理与分析。

无论是初步数据处理,如遥感信号的滤波、增强、辐射度校正和几何校正,还是高级数据分析,如对观测目标的主题分类、态势分析和预测、变化事件的识别与通告等,均由星上系统完成。

（5）基于模型的预测。

通过对历史的和现时的态势进行分析，解释所发生的有意义的事件，推断未来的发展趋势。例如，根据卫星平台的轨道预报模型、目标的运动模型以及系统当前状态，预测未来大致的观测窗口、观测状态和条件等，并由此发起和维持观测活动的进行。

（6）自主数据分发。

根据观测数据的分析结果以及用户对信息的需求或兴趣类型，主动下传最有价值的数据。

（7）自主控制。

除接受上层任务规划和调度的控制指令外，卫星平台及遥感器亦可具备一定的自主控制能力，如星群的分布式相对控制、重构控制、碰撞避免、卫星与遥感器协同控制等。

（8）自主构型保持与重构。

星群根据任务需求自主进行空间构型保持、构型变换（或重构），完成卫星的淘汰、替换与升级等活动。

（9）在轨星务管理。

自主执行星群运行管理的常规动作，如异常情况的自主监测、鉴别与恢复，软件的加载、卸载与管理等。

（10）自主能源分配与调度。

根据能源的现状、待执行的多个任务及其所需的能源，整体协调系统能源的消耗。

（11）稳健任务执行。

系统具备相当的灵活性和知识水平来执行事件驱动的命令，并在执行过程中进行局部的改进和对异常进行响应。

9.1.3　自主协作运行模式实现的主要机制

星群自主协作运行模式的实现主要得益于多种计算机技术和 AI 技术的引入，如有关 Agent 和 Multi-Agent 系统（MAS）的理论和方法及专家系统等。其中，软件 Agent 和 MAS 理论方法的引入已成为主要技术途径，其前景被普遍看好，也是当前在轨运行和计划的各类空间系统中运用最多的一项综合性技术。

Agent 和 MAS 的行为是面向一定的任务目标，依据其他 Agent 及周围环境的状态，并基于自身状态决策机构来规划实施的。Agent 有能力与其他 Agent 协作来解决共同面临的问题。基于 MAS 的决策和控制方法能够集成许多传统的和现代的模型，包括人工智能和非人工智能模型。到目前为止，给出了很多 Agent 和 MAS 的定义，尚未统一明确。本书认为，凡具有一定的自主行为或智能特征的实体均可被视为 Agent,而由多个 Agent 构成的系统即为 MAS。

因此,自主协作运行的星群本质上即为 MAS 系统,只不过前者是指物理实体,而后者则为系统抽象描述模型。因此,提出将计算机科学、人工智能及机器人等领域中广泛研究的 Agent 或 MAS 理论与技术引入对地观测星群,实质上是研究与实践如何通过赋予系统自适应性、自组织性及智能性等来构建自主协作运行的分布式空间系统。

9.1.4 基于 MAS 的星群自主协作运行特征分析

从面向 MAS 的角度进行分析,自主协作运行的对地观测星群的主要特征如下。

(1) 自主性。

如前所述,离开了地面测控系统的支持,星群的运行无论是系统整体还是局部实体的功能,在诸多方面均采用自主工作的模式。

(2) 社会能力。

系统中的多颗卫星相互之间具有各种控制信息和数据信息的交互与耦合,为完成总的任务目标或局部任务目标,需要相互协作。

(3) 反应能力。

无论是观测对象、观测环境的变化,还是系统内部实体状态的变化,星群均能够通过遥感器或状态监测器进行感知并及时做出反应,如突发事件驱动的任务生成、卫星损失后的系统重构、异常事件发生后的应急处理等。

(4) 自发性行为。

星群实施观测任务并非是完全被动地执行上层发来的指令,而是在观测过程中能够及时感知观测对象的变化或突发事件,自发生成新的观测任务,并规划和调度系统中的各类实体予以执行。

(5) 预见性。

卫星的软件系统中,可配置多种状态预测模型,如卫星轨道预报模型、实体可靠性预报模型、星群重构的能源消耗模型等,使得对系统在未来时段内可能发生的变化具有一定的预见性。系统在进行任务规划时,则能够合理地规划和调度,使系统达到观测任务目标的最优化,并能够主动避免出现燃料耗尽、电源不足等情况。

(6) 推理决策能力。

系统能够根据自身、观测目标和环境的当前状态信息和历史信息,以及所掌握的知识,对当前的态势给予进一步的解释和分析,提炼和推理出更多的信息和知识,并对系统及其实体的行为进行决策,如对观测目标进行识别和分类、根据故障现象推断其原因等。而这些推理决策能力是在知识库和模型库的支持下,通过基于规则的专家系统、人工神经网络、基于模型的推理等人工智能技术或非人工智能技术来实现的。

（7）规划与调度能力。

规划与调度能够在系统的各个层次中使用，总体任务目标可以采用层次化的方法分解成为各个实体的具体任务。例如，运营者发出的层次任务目标可以分配到系统中各个卫星系统的任务，进而又可以分解为各卫星子系统的任务，最终形成多层规划与控制模式。在每一层次，均可由一个独立的或多个 Agent 来实现规划调度，且可采用不同的协同结构。

（8）自组织性卫星系统的自组织性。

自组织性卫星系统的自组织性并非是指大量无序实体通过自组织达到的有序状态，而是表现在目标驱动的系统结构与属性的自我规划与调度，如新增卫星的接纳和构型重新配置等。

（9）移动性。

系统的 Agent 可以从地面传给卫星，以实现软件在线升级或从某颗卫星转移到另一颗卫星上，达到功能的增强或角色的转换，使得 Agent 具有移动特性。

（10）协作性。

所有卫星实体之间是一种协同和合作关系，对于相互制约或矛盾的多个任务目标，通过顶层规划并分配给各卫星 Agent 执行，或各卫星 Agent 通过协商来集体决策，以求达到总体任务目标的效益最大化。

（11）诚实性。

所有卫星实体主观上提供给其他卫星实体真实的状态或决策信息，不存在故意的欺骗行为。

（12）理性。

Agent 的行为是针对环境和自身的状态，依据设计的分析、推理和决策模型而采取的行为，并非盲目地情绪化的行动。

（13）友好性。

对于协作控制组织体系中其他卫星实体发出的请求，总是尽可能地满足或执行。

此外，自主协作运行的星群还可被赋予学习能力等智能特性。

9.2 现有星群组织结构模型分析

目前,现有星群组织结构大体上可分为完全集中式、集中反馈式、分布式和完全分布式四种。现有星群自主协作运行体系结构模型如图 9.1 所示,其中每一方块表示的是卫星级 Agent。卫星 Agent 数量和组合的不同形成了不同的多Agent 结构。

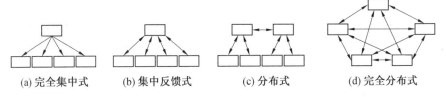

(a) 完全集中式　　(b) 集中反馈式　　(c) 分布式　　(d) 完全分布式

图 9.1　现有星群自主协作运行体系结构模型

(1)完全集中式结构。

图 9.1(a)所示为完全集中式结构,又称主从协同结构(master/slave coordination),或"top−down coordination"结构。系统为层次模式,其中只有一个 Agent 承担管理者或领导角色,称为主星 Agent,位于结构的顶层。它是系统消息传输的中心,拟定整个系统的任务规划和调度,并控制其他所有伴星 Agent 的行为。伴星 Agent 位于结构的底层,只被动接受和执行来自主星 Agent 的指令,相互间不能通信,缺乏"智能性"。完全集中式结构类似于 MAS 系统的集中式结构,是一种十分简单的直接控制方式,所有控制都集中于主星 Agent,伴星Agent 只能被动"服从"主星。这种结构的特点是在概念上较为简单,便于实现。但由于管理过于集中,主星 Agent 需要连续监控伴星 Agent 的状态,因此缺乏灵活性,动态响应性能较差,需要较高的通信带宽、可靠性和实时性,同时还存在主星 Agent 的中央处理器(CPU)瓶颈问题。

(2)集中反馈式结构。

图 9.1(b)所示为集中反馈式结构,又称团队结构(teamwork)或"centralized coordination architecture"结构。它移用了完全集中式结构的层次模式,同样具有主星 Agent 和伴星 Agent。在这种结构中,主星 Agent 只负责星群整体行为规划与调度,并不完全控制所有伴星 Agent 的每一行为和直接监控伴星 Agent 的所有状态,而是将部分底层的"智能"或自主性下放给各个伴星Agent。根据主星 Agent 下达的任务,伴星 Agent 可自行规划自己的局部行为,并将主星 Agent 需要的部分信息和影响系统整体性能的异常事件通告给主星Agent,再由主星 Agent 进行总体协调和应对。这种结构也类似于 MAS 系统的

集中式结构,只是由于"控制"下放,因此主星 Agent 的 CPU 瓶颈问题在一定程度上得以缓解,整个系统的"智能"更好地分布和加强,系统具有相对更好的灵活性和适应性。但集中反馈式结构比完全集中式结构复杂,它需要各类卫星 Agent 的实时通信,通信量变大。另外,由于只有一个主星,因此系统可靠性不高。

(3) 分布式结构。

图 9.1(c) 所示为分布式结构,这种结构对智能 Agent 组织来说是一种更加理想的结构,其具有分布的层次结构,可以看作几个集中反馈式结构的联合。采用这种结构可以充分利用它们的适应性、分布性和自主性能力。分布式结构可以充分采用分布式协调算法(如合同网协议等技术)进行任务分配和系统重构,采用这些算法可以提高系统的性能和鲁棒性,消除通信瓶颈问题,以及进行分布式计算。其缺点是总的计算量增加,对星上计算设备要求较高。另外,由于没有全局管理者,因此无法保证全局最优。该结构类似于 MAS 系统的混合式结构图,如图9.2 所示。所不同的是,该结构是在集中反馈式结构基础上构建而成的,伴星具有一定的"自主权",并且主星间是可相互通信的。它比 MAS 系统的混合式结构具有更高的灵活性和适应性。

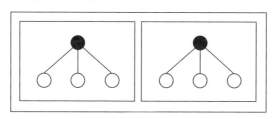

图 9.2　MAS 系统的混合式结构图

(4) 完全分布式结构。

图 9.1(d) 所示为完全分布式结构(fully distributed coordination),又称对等(peer-to-peer)结构。这种结构不具备层次性,没有主星 Agent 和伴星 Agent 之别,各卫星 Agent 具有相同的智能和分工,即平等分布结构。它们具有系统的全部知识,都能为整个系统进行全局规划。因此,系统适应性和灵活性更强,可靠性更高。但由于系统整体行为规划和决策由所有的卫星 Agent 相互协作来解决,而不是由某个卫星 Agent 独立做出,因此需要的总计算量和通信量大大增加,系统结构复杂,协作和控制难度很大,实现困难。这种结构类似于 MAS 系统的分布式结构。

9.3　自主任务规划的运行机制设计

提高星群的自主任务规划能力,可以有效提高对非预期目标的快速响应能力,因此受到了越来越多的重视。同时,该问题的解决也存在涉及分系统众多、星间链路时变以及网络具有延迟和丢包的不确定性因素等难点问题。

综合考虑卫星星群运行的实际情况及自主运行的需求,按照卫星常规运行管理和快速响应非预期目标管理两种功能,将该问题分解为如下子问题进行研究(图9.3):

(1) 面向长期管理的地面集中式星群静态协同任务规划;

(2) 面向快速响应非预期目标的地面集中式星群动态协同任务规划;

(3) 面向快速响应非预期目标的分布式星群自主动态协同任务规划。

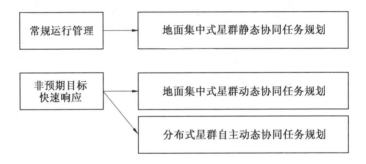

图 9.3　星群观测自主任务规划问题分解

对前两项内容,可以充分发挥地面的计算能力优势,采取智能优化算法进行求解;对第三项内容,由于星上计算资源一般较为紧张,因此可以重点考虑时效性要求,采取基于博弈的任务规划方法进行求解。

9.3.1　单星自主运行总体逻辑流程

首先确定单星自主规划的逻辑流程,如图9.4所示,包括信息交互、规划决策和方案执行三个阶段。

信息交互层是卫星进行规划决策和观测执行的前提与基础,这个层次主要解决卫星在协同任务规划过程中的协同规划信息路由、信息的实时更新以及信息融合等问题,如自身状态信息、其他卫星规划信息数据的路由与更新。

规划决策层是卫星自主规划的核心。基于当前的协同规划信息,规划决策层需要解决卫星观测哪些任务的问题,而优化的任务决策需要实现多颗卫星之间的协同观测,实现多星任务观测的优化配置,从而保证系统整体的观测效益达

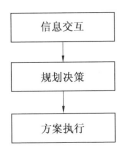

图 9.4　单星自主规划的逻辑流程

到最优。

方案执行层根据规划决策得到的任务观测方案进行观测,得到目标观测信息,完成此次任务规划。

9.3.2　分布式星群自主运行机制设计

如前文所述,本节总体考虑卫星常规运行和处理非预期观测请求两大类情况。

(1)卫星常规运行的任务规划。

卫星常规运行的任务规划主要由地面集中式规划进行,处理常规运行条件下的任务规划,即地面集中式星群静态协同任务规划。

(2)非预期观测请求的任务规划。

非预期观测请求的任务规划由地面集中式星群动态协同任务规划和分布式星群自主动态协同任务规划共同完成,用来处理突发的非预期观测请求。这里首先假设卫星具备自动的敏感目标识别能力(否则自主规划缺乏根基),另外考虑到卫星经过地面站时会将新信息下传,此时可由地面根据新情况进行规划。

因此,对于地面集中式任务规划来说,不仅要能够处理常规运行场景的任务管控,还要能够支持出现非预期观测请求时的动态管控需求。另外,从非预期观测请求的管控需求来说,不仅需要在没有地面测控支持的情况下进行自主快速决策,也需要在能够获得地面测控支持的情况下进行全局优化决策。因此,星群自主运行机制需要从以下两个方面进行研究。

(1)研究集中式规划处理非预期观测请求的情况,即地面集中式星群动态协同任务规划。

(2)研究分布式星群自主动态协同任务规划。星上自主协同任务规划的时间区定为发现目标后的 180 min,一般可认为在此期间,发现非预期目标的卫星已将数据回传至地面,并且地面集中式规划能够根据新情况产生新的运行计划并上传,那么自主规划的时间区再长就没有意义了。该时间长度可根据具体需要进行调整。

为满足上述功能要求,整体采用多星分布式协同任务规划系统结构,其示意图如图 9.5 所示。在该体系结构下,地面卫星运行控制中心作为中央节点,仅对卫星资源进行有限的规划调度。

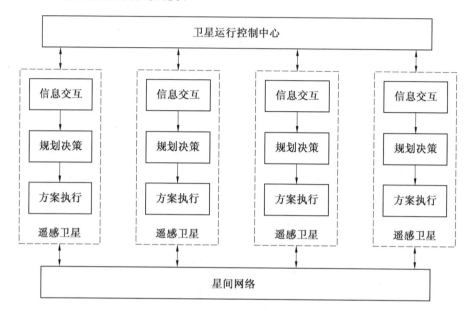

图 9.5 多星分布式协同任务规划系统结构示意图

在上述系统结构的框架下,初步设计分布式星群自主运行机制及流程,其示意图如图 9.6 所示。

在初始阶段,通过统一的集中式规划为每颗卫星产生一个初始任务计划。任务开始后,在能够保证地面集中式控制的情况下,中央节点监控所有卫星的状态,当出现突发情况时,中央节点可以进行统一决策,调整各卫星的规划方案,卫星(群)在接受新的规划方案之后,可以进行自主的规划决策。

当地面集中式控制不可靠时,地面中央节点无法及时获取所有卫星的信息,从而无法进行集中的规划决策,卫星则采用分布式协同的方式进行任务规划。此时,每颗卫星根据自身状态进行自主规划决策,并通过通信网络交换信息,采用相互协作的方式求解任务规划问题。这主要是考虑卫星不在测控区,无法将发现敏感目标的情况通知地面。因此,为快速响应,此时进行星上自主任务协同规划计算。

从具体的流程上看,任务开始执行后,在正常情况下,各卫星按照既定规划执行观测任务。当有突发情况,产生非预期观测请求后,首先判断此时是否能获得地面通信支持:若存在可用星地链路,则由地面进行星群动态协同任务规划(即重规划);否则,由各星进行分布式自主动态协同任务规划。具体的运行流程

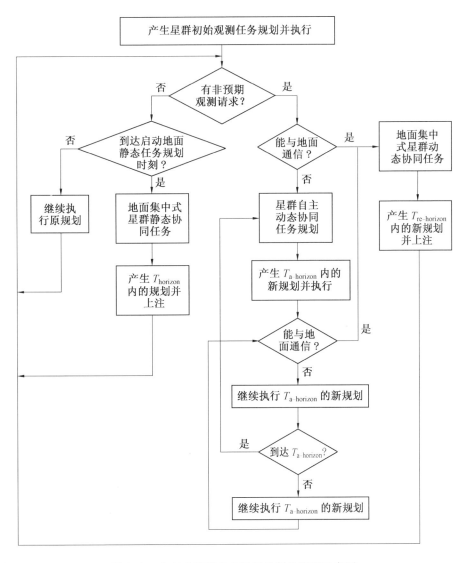

图 9.6　分布式星群自主运行机制及流程示意图

如下。

（1）设初始规划区间的起始时间为 t_{start}，结束时间为 t_{end}，规划区间长度为 $T_{horizon}$，在 $t_{start} - T_{prePla}$ 时刻启动初始观测任务规划，并在 t_{start} 前上注执行。

（2）执行过程中判断是否有非预期观测任务。若有，转（5）；否则，继续执行。

（3）判断是否到达下一个任务规划时刻 $t_{end} - T_{prePla}$。若是，转（4）启动下一个规划区间的任务规划；否则，转（2）继续执行。

（4）启动地面集中式星群静态协同任务规划，进行下一个规划区间的任务规划并上注执行，转（2）。

（5）判断能否与地面通信。若能，转（6）进行地面集中式星群动态协同任务规划；否则，转（7）进行星群自主动态协同任务规划。

（6）设规划区间的起始时间为 $t_{\text{re-start}}$，结束时间为 $t_{\text{re-end}}$，规划区间长度为 $T_{\text{re-horizon}}$，在 $t_{\text{re-start}} - T_{\text{getReady}}$ 时刻启动地面集中式星群动态协同任务规划，并在 $t_{\text{re-start}}$ 前上注执行，转（2）。

（7）设规划区间的起始时间为 $t_{\text{a-start}}$，结束时间为 $t_{\text{a-end}}$，规划区间长度为 $T_{\text{a-horizon}}$，在 $t_{\text{a-start}}$ 时刻启动星群自主动态协同任务规划，并认为其能够快速完成并更新各星任务，忽略计算及任务更新时间。

（8）执行自主产生的任务规划期间，判断是否能与地面通信。若是，转（6）；否则，继续执行自主产生的任务规划。

（9）判断是否到达 $t_{\text{a-end}}$。若是，转（7）进行下一 $T_{\text{a-horizon}}$ 的星群自主动态协同任务规划；否则，转（8）。

其中，T_{prePla} 为地面静态任务规划的准备时间，包括协商、计算、指令上注等过程；T_{getReady} 为地面动态任务规划的准备时间；$T_{\text{a-horizon}}$ 为星群自主任务规划的规划时间区间，该值根据星群的轨道特性和地面测控资源的分布情况确定，在该区间内应能与地面进行通信，并且地面有足够时间产生新的任务规划并上注。

若在极端条件下，$T_{\text{a-horizon}}$ 时间内未能同地面通信，地面没有完成新规划上注，未到新规划执行时间，则在上述情况下，自主规划执行的结束时间 $t_{\text{a-end}}$ 与地面重规划的执行开始时间 $t_{\text{re-start}}$ 之间将存在空档期，如图 9.7 中第三条时间线所示。对于这类情况，由（7）～（9）可知，星群将启动新一轮的自主任务规划并执行，直至得到地面新规划并且地面新规划开始执行为止（图 9.8）。

9.3.3　算例分析

为对上述运行机制和流程进行演示验证，应用 pRTi1516＋VC6.0 开发了基于 HLA 的分布式仿真演示软件。该软件包括运行控制、集成信息显示、STK 演示三个主界面（图 9.9）。软件应用进化算法进行地面动态任务规划，应用基于招投标策略的求解算法进行星上自主任务规划。

软件中设置初始观测目标 100 个，初始规划区间长度 $T_{\text{horizon}} = 7$ d，地面动态任务规划的准备时间 $T_{\text{getReady}} = 120$ min，自主任务规划区间 $T_{\text{a-horizon}} = 180$ min。运行过程中随机指定非预期目标和完成期限（12～48 h），并包含产生非预期观测请求时具有星地可用链路（Ⅰ类）、不具有星地可用链路（Ⅱ类）等不同情况，共运行 10 次，仿真运行结果统计见表 9.1。

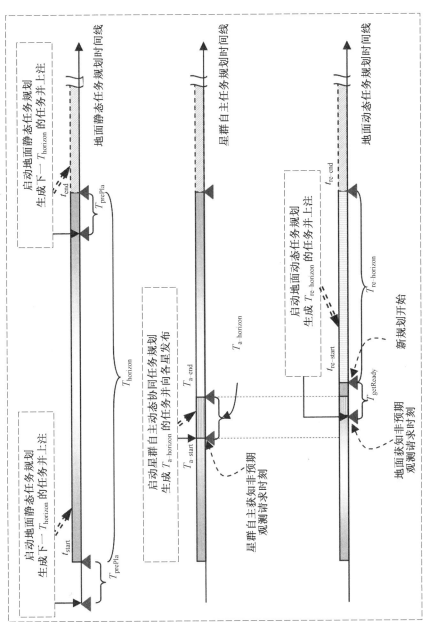

图 9.7　星群自主任务规划运行流程星时间线示意图

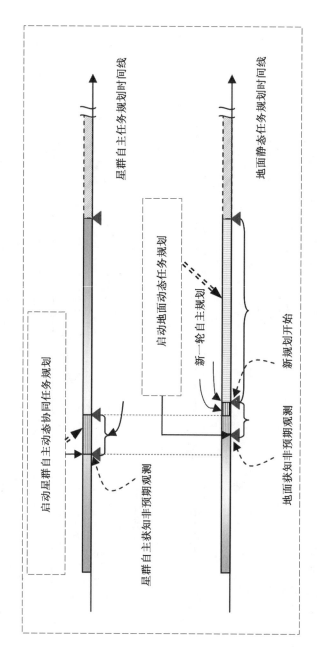

图 9.8 连续自主规划与地面动态规划协调运行时间线示意图

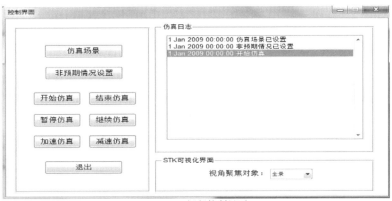

(a) 运行控制界面

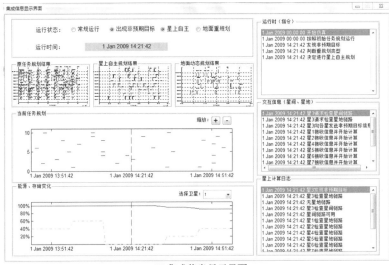

(b) 集成信息显示界面

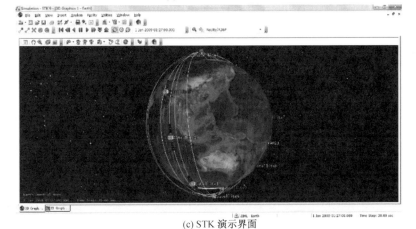

(c) STK 演示界面

图 9.9　分布式仿真演示软件界面

表 9.1　仿真运行结果统计

场景 类型	自主规 划次数	地面规 划次数	原任务 完成率/%	新任务 完成率/%
Ⅱ 类	1	1	100	100
Ⅱ 类	1	1	100	100
Ⅱ 类	2	1	100	100
Ⅱ 类	1	1	100	100
Ⅱ 类	1	1	100	100
Ⅰ 类	0	1	100	100
Ⅱ 类	1	1	100	100
Ⅱ 类	1	1	100	100
Ⅰ 类	0	1	100	100
Ⅰ 类	0	1	100	100

　　通过对上述仿真运行的结果分析可知,本节提出的星地联合运行机制能够很好地处理非预期观测请求的快速响应问题,在保障原有任务正常执行的情况下,能够及时响应非预期出现的新任务,验证了该联合运行机制的有效性。

9.4　自主任务规划系统软硬件体系结构设计

　　自主任务管理系统与传统的航天器控制系统的最大区别是将地面上执行的一些活动(如任务规划、命令序列化、航天器行为监测、航天器故障诊断和恢复等)放在了航天器上来执行,地面操作系统只需向航天器发送高级指令,并不需要将序列规划好了之后再传送给航天器。同时,航天器也不是将所有的数据都下传到地面,而是经过初步的预处理之后再下传。只有当航天器遇到星上自主操作系统不能处理的故障时,才将航天器置于安全模式,并将相关的数据传送给地面操作系统,等待地面发送修复命令。通过引入航天器自主操作系统,可以大大减少地面工作人员的劳动量,减少对测控通信网络的需求,增加任务的可靠性和实时性,从而减少航天任务的操作费用,提高航天器使用效能。

9.4.1　自主运行系统硬件体系结构方案设计

　　本节给出了一种采用多智能体架构进行设计的航天器自主运行管理系统。星载自主运行管理系统硬件组成示意图如图 9.10 所示,主要包括三部分:自主规划调度（planning and scheduling，PS）计算机，自主制导、导航与控制（guidance，navigation and control，GNC）计算机，以及自主故障诊断及健康管理（fault diagnosis and health management，FDHM）计算机。另外，保留原有的星务管理计算机。自主管理系统是建立在传统星务系统之上的高级管理系统，主要通过传统星务系统与航天器的硬件进行交互，并收集各种信息。为提高系统运行的可靠性，在自主 PS 系统与测控分系统之间、自主 PS 系统与系统总线之间、自主 GNC 系统与系统总线之间、自主故障诊断及健康管理系统与系统总线之间均留有备用通信接口。

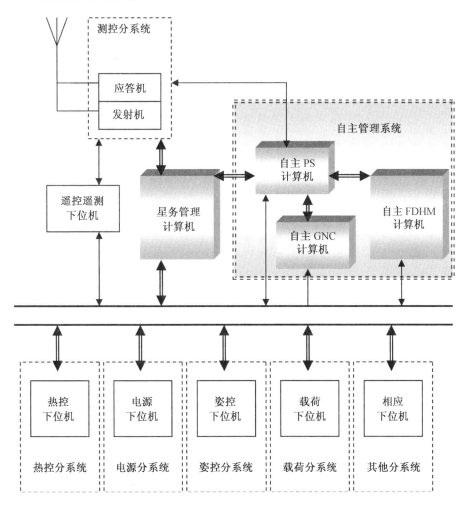

图 9.10　星载自主运行管理系统硬件组成示意图

通过多智能体间的相互协调和合作，共同完成航天器的星上闭环控制。自

航天器智能任务规划与自主运行技术

主管理系统达到的目标如下：

  ① 允许低级命令直接访问硬件；

  ② 完成目标指向的命令；

  ③ 基于目标和当前航天器期望状态产生规划；

  ④ 确定硬件模块的健康状况；

  ⑤ 基于模型的故障诊断和重构；

  ⑥ 失败后的重新规划。

1. 星务管理计算机

星务管理计算机可采用现有星务计算机，仅在软件中增加与自主 PS 计算机的通信接口，在硬件上增加相应的通信链路即可。具有如下优点：

  ① 最大化利用现有成熟技术，避免重复开发、验证；

  ② 自主运行管理系统硬件上相对独立，便于形成冗余备份，提高了整星的可靠性；

  ③ 各部件功能明确，便于故障排查与定位；

  ④ 能够满足地面随时介入的要求。

2. 自主 PS 计算机

自主 PS 计算机根据接收到的高级目标和航天器的当前状态产生一段时间内的规划序列，这些序列满足飞行规则的约束和资源限制等，而且一旦执行便可以将航天器的状态转移到目标状态，并将任务规划所得的规划序列转化为航天器各个子系统可以执行的低级指令，将其送给星务管理系统来控制航天器硬件执行。

通常情况下，自主 PS 计算机仅与星务管理计算机、自主 GNC 计算机、自主故障诊断及健康管理计算机建立通信联系。为提高整星运行的可靠性和冗余度，特殊情况下，自主 PS 计算机亦可直接获取测控分系统的控制权，并通过星上总线获取星上信息，向其他分系统直接发布控制指令。

3. 自主 GNC 计算机

自主 GNC 计算机负责进行航天器的姿态、轨道相关计算，包括姿态轨道确定、推理与规划等。通常情况下，自主 GNC 计算机通过 PS 系统与航天器进行交互，如接收航天器的当前姿轨信息和目标信息、接收到来自 PS 系统的计算指令、将计算结果返回至 PS 系统进一步执行等。为提高航天器运行的可靠性，在自主 GNC 计算机和星上总线之间预留备用通信接口，用于特殊情况下的姿轨计算、控制。

4. 自主 FDHM 计算机

自主故障诊断及健康管理计算机的主要任务是接收来自自主 PS 计算机的

计算指令,进行相关的故障诊断计算,并将计算返回至 PS 计算机。

为充分采集航天器状态信息,同时提高整星运行的可靠性,对传统星务管理形成冗余备份,允许自主故障诊断及健康管理计算机通过星上总线接收各分系统的监测信息,并能够独立运行故障诊断及健康管理程序。通过监测航天器运行情况,根据测量的信息推断航天器的健康状况。当监测有故障产生时,对于立即反应式故障,可通过星上总线直接控制相应部件;对于非立即反应式故障,可调用自身的故障诊断程序进行诊断,并将诊断结果发送至 PS 计算机,以供进一步处理。

9.4.2　自主运行系统软件体系结构方案设计

航天器自主运行管理软件系统是运行于传统星务软件系统之上的高级软件系统,星载自主运行管理系统软件功能示意图如图 9.11 所示,通过星务管理软件来与航天器的硬件进行交互,并从系统收集各种信息。

1. 星务软件系统

星务软件以目前能够稳定运行的现有系统为基础,添加与自主运行管理系统的通信接口即可。其主要功能包括:

① 遥控命令及遥操作数据的接收、处理、分发和执行;

② 程控指令的存储、处理、判断和启动;

③ 遥测数据的采集、存储、处理、格式化及下传;

④ 星上时间管理;

⑤ 星上通信管理;

⑥ 安全运行模式控制和管理,主要针对某些关键参数的监测,超出安全阈值时,将卫星转入安全模式。

星务软件系统可接收来自地面的指令,也可接收来自自主运行管理系统的指令。同样,星上遥测数据除向地面控制中心发送外,同时还向自主运行管理系统发送。

2. 自主 PS 软件系统

自主 PS 软件系统的主要任务是根据接收到的任务目标和航天器自身状态信息,规划生成飞行指令序列,是实现航天器任务自主规划的关键组成部分之一。其任务主要包含以下几方面内容。

(1) 任务目标接收与处理。

通常情况下,任务目标可由地面控制中心预存或临时上传至星务系统,再由星务系统按触发条件给出。为提高系统运行可靠性,地面控制中心亦可直接对自主 PS 系统进行控制,给出任务目标,或随时介入自主管理系统的运行。任务

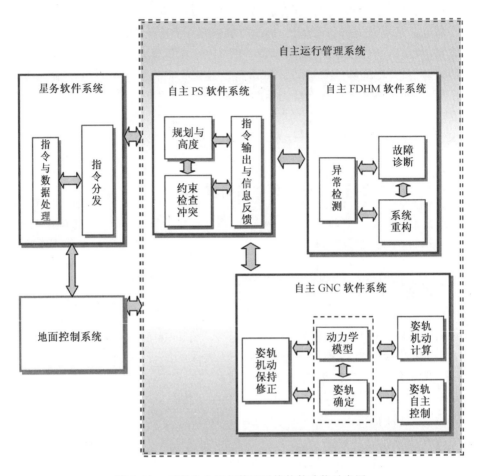

图 9.11　星载自主运行管理系统软件功能示意图

目标的来源可有如下几种形式：

　　① 星务管理系统中的预存任务,一般可由时间触发;

　　② 地面上传的临时任务;

　　③ 运行过程中产生的任务,包括载荷任务和平台任务;

　　④ 其他各分系统提交的任务。

　　(2) 约束检查与冲突处理。

　　自主 PS 软件系统在进行指令规划时,需要对航天器运行过程中的多种约束进行检查和处理,以确保产生的指令序列在执行过程中不会发生相互冲突和干涉,主要包括以下约束。

　　① 全局约束,指全程都要满足的约束。例如,电力、数据存储、推进剂等使用量和存储量必须在允许范围内。

② 时间线内约束和时间线间约束。

③ 时间约束,指各指令的执行时间必须满足其相应要求。其中,某些指令具有严格的执行时间约束,如轨道机动或对地通信等活动必须在某些特定时刻进行;而某些指令的执行时间约束可在一定范围内调整,如设备的校准、自检等。

④ 航天器本体约束,主要指航天器各执行机构的能力约束,如通信传输率、发动机推力、补加装置流量限制等。

（3）规划计算,生成指令序列。

任务规划算法负责进行指令规划计算,根据卫星自身状态及约束条件,将高级任务目标转化为生成指令序列。

3. 自主 GNC 软件系统

自主 GNC 软件系统通过利用星载敏感器信息和执行机构,根据动力学模型,负责与 GNC 系统相关的计算与处理任务。主要包括以下内容:

① 自主轨道确定;

② 自主姿态确定;

③ 自主轨道保持、修正;

④ 自主姿态保持、修正;

⑤ 自主轨道机动及控制;

⑥ 自主姿态机动及控制。

4. 自主 FDHM 软件系统

自主 FDHM 软件系统负责整星的健康状态监测和故障诊断。通常情况下,该系统实时接收各分系统的监测信息,结合异常检测功能,对卫星的各种异常进行报警,遇有严重异常时,将卫星转入安全模式,此功能与现有星务软件功能部分重合,可互为冗余备份。发生故障时,根据诊断模型,调用自主故障诊断算法,进行故障诊断、隔离及系统重构。该系统包括以下主要功能:

① 各分系统参数实时监测;

② 参数异常检测与处理;

③ 安全规则维护管理;

④ 自主故障诊断、定位、隔离;

⑤ 故障部件降级使用、系统重构。

5. 多智能体软件系统

上述自主运行管理体系结构本质上是一种多智能体结构,其整体上分为自主 PS、自主 GNC、自主 FDHM 三个智能体,另外还包含多个分系统的管理计算机和控制软件,也都可视为分系统智能体。每个智能体产生并维持其自身的规划调度,从而使整个搜索空间被划分成许多由每个智能体管理的小空间,总的规划是通过组合和协调各个规划智能体的规划来获得最终的解。该部分重点解决以下问题：

① 多智能体规划系统结构关系设计；

② 面向规划的智能体结构设计；

③ 智能体规划算法；

④ 规划智能体之间的通信语言及协调机制。

9.4.3　星载规划计算机的软硬件配置

对于星载自主运行计算机的软硬件配置问题，目前的研究和分析尚不充分。本节根据方案设计对各部分的要求以及对国外资料的分析，给出一种星载自主运行管理计算机的推荐配置，仅供参考。

1. 星务管理计算机

（1）CPU 运算能力在 20 MIPS 以上。

（2）内存存储空间在 2 MB 以上。

（3）操作系统采用 VxWorks 5.5.1 或其他实时多任务操作系统。

（4）微内核，软件整体不大于 100 KB。

（5）强实时性，响应时间不多于 0.125 s。

2. 自主 PS 计算机

（1）相当于 Intel 500 MHz 主频以上的 CPU。

（2）128 MB 或以上内存。

（3）8 GB 或以上固态硬盘。

（4）操作系统采用 Windows XPE 或 VxWorks。

3. 自主 GNC 计算机

（1）相当于 Intel 500 MHz 主频以上的 CPU。

（2）128 MB 或以上内存。

（3）8 GB 或以上固态硬盘。

（4）操作系统采用 Windows XPE 或 VxWorks。

4. 自主 FDHM 计算机

（1）相当于 Intel 500 MHz 主频以上的 CPU。

（2）128 MB 或以上内存。

（3）8 GB 或以上固态硬盘。

（4）操作系统采用 Windows XPE 或 VxWorks。

5. 其他主要相关硬件参数

（1）星上总线采用控制器局域网总线（controller area network，CAN）、

1 553 B 或现有其他成熟总线。

（2）调制方式 PCM/PSK，遥控信道码速率、副载波频率参照现有标准。

（3）调制方式 PCM/DPSK，遥测信道码速率、副载波频率参照现有标准。

第 10 章

国外典型航天器任务规划系统

10.1 ASPEN – MAMM 卫星地面规划系统

10.1.1 任务规划问题

MAMM 规划器的目的是获取位于 $-80°$ 纬度的南极洲数据,通过 SAR 干涉测量,以测量该大陆外部区域的冰表面速度。

在任务规划方面,卫星的主要任务是在与航天器星下点轨迹平行的几个矩形波段中获取 SAR 数据,并将数据保存到机载记录器中,或在获取数据时实时下行传输到地面。计划任务的问题是选择可能的波段和下行机会(实时和回放)的子集,以便使产生的计划满足科学需求和操作约束。

数据获取命令指定启动时间、持续时间、下行模式和波束。下行模式决定数据是保存到机载记录器(OBR)还是实时下行连接(RTM)。光束控制了 SAR 仪器的入射角度,确定了与航天器地面轨道平行的几个横截面中的一个。相邻光束的入射角以一定的角度进行分离,获取部分重叠相邻光束的矩形光束的数据。几个波段通常能够覆盖任何给定的地面区域,尽管这些波段通常是无关的轨道和 / 或不同的光束。

回放命令回放并向下链接磁带上的所有数据,然后删除磁带数据。下行链路(回放或实时)可能只发生在航天器星下点在接收站范围内(该接收站在视野内)。航天器可以下行回放数据,同时也可以下行实时获取数据。观测期间的站称为掩码,并在雷达卫星任务管理办公室(MMO)提供的掩码文件中指定。

除上述外,任务计划必须遵守 MMO 施加的行动限制,选择的操作约束如下:

① 当一个地面站在视场中时,数据才能被向下链接;

② 所有记录的数据必须向下链接;

③ OBR 回放只能在下行链路中进行;

④ SAR 接收不能重叠;

⑤ 当记录器处于记录或自旋模式时,无法传输 RTM 数据;

⑥ 数据采集不小于 1.0 MS/s;

⑦ 当光束发生变化时,相邻的数据应至少为 5.25 s;

⑧ 当光束不改变时,数据采集至少间隔 11 s;

⑨ OBR 需要 10 s 旋转升速,消耗 10 s 磁带;

⑩ OBR 需要 5.5 s 旋转降速,消耗 5.5 s 磁带;

⑪ OBR 转换为空闲时,获取 iff OBR 数据的时间间隔为 > 30 s,否则继续记录;

⑫ 每个轨道将有 $\leqslant 6$ OBR 事务;

⑬ SAR 将在每个轨道上最多工作 32.0 min。

上述主要包括资源限制、数据获取之间的设置时间、磁带记录器和 SAR 仪器操作限制以及下行策略规则。资源包括机载记录器容量、磁带事务(磁带已启动和停止的次数)以及每个轨道上的 SAR 仪器校准。操作约束所引用的相关设备状态为磁带模式(空闲、旋转、记录、回放)和 SAR 光束(16 个)。

10.1.2　规划过程

任务规划过程是一个迭代的过程。在完成最终的任务计划之前,任务策划者开发几个计划版本。每一个版本都要对科学、成本和风险标准进行审查。通过对每一个版本的分析,能够帮助进行下一次更有效的迭代。MAMM 规划器共生成了四个修订,然后才到达第五个也是最后一个任务计划。生成单个计划的过程包括以下四个步骤。结果的计划是数据获取请求和下行会话请求的时间顺序列表。

(1)选择覆盖南极洲预期目标区域并满足其他科学要求的 SAR 波段。在一个 24 d 的重复周期中,从与目标区域相交的所有值中选择该值。这个步骤是由 CSA 开发的一个称为 SPA 的工具部分自动完成的,该工具通过航天器轨道来识别每个光束的可用波长。根据用户选择所需的范围,SPA 会生成一个扫描请求文件。SPA 不检查操作的限制或确保可以向下链接,所以不能保证所选择的范围包含有效的任务计划。

（2）创建一个下行的时间表。下行时间表指定了哪些站点掩码（下行机会）将被用于下行数据采集，并指定每一个采集（割带）是否在实时或存储到数据记录器中的下行链路。时间表必须遵守资源和操作的限制，如记录器容量、站点可见性等。特别地，实时获取必须在下行会话期间进行，回放会话需要预留足够长的时间，在这个期间内需要完成板载记录器上所有数据掩码的下行。计划还应符合优先策略，如某些站点比其他站点更可靠或成本更低、实时下行比记录占用更少的资源成本等。

（3）计算资源使用情况并检查约束违反情况。确定数据获取和下行计划是否违反了任何操作约束。检查资源相关的约束需要计算每个资源的使用概况（OBR 存储、SAR 准时）。

（4）解决冲突。如果进度表违反了操作限制或下行链路调度质量不合格，无法传输所有数据，则返回（1），并修改所选的条带以纠正问题。修改包括改变扫描带开始时间、扫描带持续时间和／或波束，或者在覆盖同一目标区域的不同轨道上选择备用测绘带。

一部分困难的任务规划问题是任务片之间的交互选择（即（1））和下行调度（即（2））。地面站很少覆盖卫星运行经过的南极地区，这意味着许多数据必须记录和下行。由于减少了下行通道的数据，并且在地面站可见期间的时间比磁带容量短，因此选定的特定轨道的扫描件必须与该轨道附近的下行机会相匹配。如果科学上想要的范围不适合，则必须选择另一个地带。另一种可能在不同的轨道上，这也会迫使扫描区域重新选择该轨道。

10.1.3　重规划过程

由于航天器和地面站异常，因此在操作过程中可能会丢失计划中的 SAR 数据捕获。此时需要进行重规划，以获取这些丢失的数据。重新使用相同的任务规划过程计算规模较小，按照以下步骤进行：

（1）选择备选范围覆盖错过的目标区域；

（2）修改下行计划来适应更改；

（3）确保结果安排符合操作约束；

（4）如果找到冲突，则回到（1），选择不同的任务片。

为尽量减少日程安排的混乱，所选的任务不能在计划中重复观测，而且现有的观测需要尽量不被中断。

重新安排几个周期，就像一个重大异常所发生的那样，是一项耗费大量时间和知识的任务。此外，任务的时间压力要求迅速制订新的计划，以便利用下一个获得的机会，通常在 24 ～ 36 h 内。重规划一般需要一个四人的工作组从预先生成的应急计划片段中进行筛选，以便在这些时间压力下产生计划。

10.1.4　程序描述

任务计划应用程序自动执行 10.1.3 节的(2) 和(3)。其他步骤是有意不进行自动化的,因为它们涉及割幅选择,这需要操作人员的科学判断。

人类任务策划者使用一种名为 SPA 的扫描条带选择和覆盖分析工具选择一组波长(即(1)),这是 CSA 为雷达卫星任务开发的。条带输入指定每个条带的时间、持续时间和波束。这些信息连同下行优先策略和由 MMO 提供的掩码文件一起传递给规划系统,该文件指定每个地面站的视场时间。

掩码和扫描条带文件合并成一个文件,并传递给 ASPEN planning 系统,下面将详细描述。计划者为刈幅(swaths)(即(2))生成一个下行的时间表,然后将产生的 swath and downlink 表扩展为一个更详细的计划,包括支持活动,如磁带 on/off 转换和 beam 开关,并跟踪资源使用情况。这提供了操作约束中引用的附加细节。ASPEN 检查违反约束的计划(即(3)),并最终将其从 ASPEN 格式转换为任务规划人员首选的 Excel 电子表格格式。

电子表格提供了采集、回放和下行命令的时间顺序列表,标识违反约束或不能向下链接的条目,并提供资源配置文件。它还总结了计划度量,如资源使用总量、地面站连接时间(用于成本计算)以及实时和记录的获取数量。

根据报告文件,任务规划人员根据需要修改所选的范围,以解决冲突或提高进度质量(即(4)),直到生成一个无冲突的计划。这种快速的反馈使得用户可以更快地生成无冲突的计划。在循环中,操作人员在必要时介入,可以在有一定选择范围时使用操作人员的科学判断。

MAMM 规划器在 C＋＋中实现,并在 SUN Ultra/60 工作站上运行。转换程序(从 SPA 到 ASPEN,从 ASPEN 到 Excel)是用 Perl 编写的。

10.1.5　ASPEN 规划模型

MAMM 规划器的核心是 ASPEN,是一种在 JPL 开发的自动规划和调度系统。ASPEN 规划环境包括域建模语言、增量约束跟踪设施(计划数据库)、规划探测算法的接口以及通过这些接口利用计划数据库功能的规划算法库。计划数据库记录部分计划以及该计划所满足和违反的约束。计划数据库支持几个计划修改操作符,一个在修改后逐步传播约束的操作,以及访问数据库中的约束和计划元素信息的接口。探测算法使用这些功能来确定如何修改当前计划。对于给定的应用程序,可以在库中选择一种通用算法,或者开发一种新的特定于应用程序的算法。

MAMM 规划器使用 ASPEN 域建模语言对操作约束进行编码。它使用特定于领域的规划算法来调度下行活动,并将扫描区域和下行请求扩展到更详细的调度中。然后,规划算法调用约束更新操作来确定哪些域约束被违反。ASPEN 规划组件结构如图 10.1 所示。

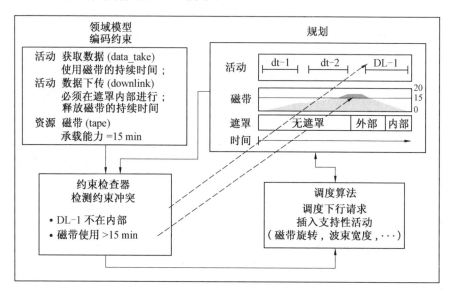

图 10:1 ASPEN 规划组件结构

当 ASPEN 终止时,它将计划和约束违反信息保存到一个文件中,然后将其转换为任务规划人员首选的 Excel 电子表格格式。这是一个条带、观测和下行活动的时间顺序列表,每个活动都有一个行,每个资源都有一个列。该列对每个活动(row)的值是该活动结束时该资源的值,最后一列是包含涉及该活动的操作约束违反的列表。表格将 ASPEN 冲突映射到相应的高级操作约束,电子表格中报告的正是这些高级约束。

10.1.6　知识表达

雷达卫星操作约束用 ASPEN 域建模语言表示。该语言中的元素描述活动、状态、资源和约束。活动是指航天器能够执行的动作,如数据采集或光束开关。活动有开始时间和持续时间,并且可能互相重叠。资源表示航天器的物理或逻辑资源,如机载记录器磁带或仪器的可用量。状态表示航天器的物理或逻辑状态,如当前的 SAR 波束或给定的地面站是否可见或不可见。每个状态和资源都表示为一个时间线,显示它如何随着时间的推移而发展。

活动、状态和资源是受约束的。这些可能是活动的时间限制(跟踪数据产生时必须立即启动磁带进行记录)、资源约束(数据使用的是 OBR 磁带数据的持续时间 $d(s)$)及状态约束(在数据获取期间,SAR 设备必须是 on)。MAMM 规划器的操作约束是按照这些约束进行编码的。

10.1.7　调度算法

MAMM 规划器使用特定领域的规划算法来控制计划数据库。最初的计划包括一系列扫描请求活动和掩码活动。首先算法将掩码活动添加到数据库中，这些活动的状态约束为每个地面站设置了状态时间线。然后规划器将这些值添加到数据库中，并决定如何将它们向下链接。

下行调度问题是一个约束分配问题。每一幅图像都必须精确地分配一个"模式"（实时或录制）和一个"下行"机会。该赋值必须满足域约束。具体地说，记录的范围不能超过下行链路之间的磁带容量，下行链路机会必须比记录的数据量长，当实时信号站在卫星可见窗口内时，必须使用实时信号。

系统采用贪心算法求解下链调度问题。在每次迭代中，它都是最可行的分配。如果没有任务是可能的，则它会进行回溯。由于可能无法将所有选定的波段下行，因此它将回溯限制在一个双轨道窗口内。如果在该窗口中找不到可行的解决方案，它将选择一个可行的调度，将大多数数据下行，并将丢失的数据报告为约束违反。

一旦算法为每个区域分配了下行模式和下行机会，它就会在计划数据库中反映这些分配。它根据每条的下行模式参数对 OBR 或 RTM 进行相应的处理，并为每个被分配到其中一个区域的掩码创建一个下行活动。

此时，该计划仅由割带、观测和下行活动组成。然后，规划算法对计划进行有限的扩展和调度。在每个迭代中，它选择一个值作为一个未被激活的活动参数，或者添加一个活动来满足开放的时间约束。例如，如果活动的计划不满足开放时间约束，那么它必须在活动之前或之后添加一个活动实例。这一阶段结束时，该计划包含所有所需的活动获取和下行所请求的范围。资源和状态时间线也是根据计划中活动的状态和资源限制来计算的。

最后，该算法调用 ASPEN 的约束跟踪器来识别冲突，即领域模型中的约束冲突检测模块。这些行为包括时间违反（如数据获取活动过于紧密）、资源违反（如超出磁带容量）和规定违反。该算法不试图修复约束，即使这是在 ASPEN 功能范围内的。有约束冲突的无效计划被有意地留给了人工，因为需要人类来手动修复。

10.1.8　使用和收益

MAMM 规划器的开发版本于 2000 年 2 月发布给 MAMM 任务规划人员进行初始规划和评估，并于 4 月正式部署。MAMM 任务规划人员在 3—7 月使用该系统制订了 MAMM 任务计划以及若干计划草案和研究计划。

MAMM 规划器使用自动化系统的计划开发工作大约是人工规划 AMM－1

的 1/6。这两项任务具有可比性:MAMM 在 24 d 内包含 818 项观测(重复三次);AMM-1 在 18 d 内包含 850 观测。MMO 对最终 MAMM 计划的审查没有发现违反约束的情况,该计划在 2000 年 9—12 月在雷达卫星上执行得无懈可击。除降低计划开发成本外,该系统提供详细的资源使用信息和快速生成不同站点可用性的下行调度和站点优先策略的能力还有助于评估任务备选方案、成本核算和资源配额选择。

在这一规划系统取得巨大成功的基础上,目前正在努力在其他更多的航天任务中使用这一规划系统,包括制订雷达卫星数据采集计划等,以满足大型科学界的观测要求。

10.1.9 任务计划发展

MAMM 任务设计者使用自动计划程序开发了一系列的四项计划草案和最终的任务计划。每个草案都根据科学、成本和风险标准进行审查,结果确定了下一个版本的条带选择策略。每个计划的平均开发时间大约为 2 d。大约 60% 的时间花在了初始测绘带选择上,10% 的时间用于使用自动规划(设置运行、学习如何操作及得到结果),30% 的时间用于修改以消除计划者检测到的约束违规行为。在 1～4 次检查和编辑迭代之间删除了约束违规。MAMM 计划制订工作见表 10.1。

表 10.1 MAMM 计划制订工作

版本	日期	迭代次数	工作周数
1	3 月 6 日	3	2
2	4 月 12 日	2	2
3	4 月 27 日	2	2
4	6 月 8 日	4	3
最终版本	6 月 19 日	1	1
总数		12	10

所有 MAMM 计划的开发总时间为 10 个工作周。相比之下,AMM-1 的任务规划需要一个工作年,单个计划需要 3～4 个月(12～16 个工作周)才能完成。总体来说,自动规划系统将规划工作从一个工作年减少到 10 个工作周,即减少为原来的 1/6。

如果将自动系统的开发时间包括在内,那么自动方法仍然比手动方法少 25% 的工作量。MAMM 的总体规划和开发工作约为 9 个工作月(6.75 个工作月用于开发规划器,2.25 个工作月用于开发计划),而 AMM-1 则超过 12 个工作月。如果其他航天任务也采用这一任务规划系统,则开发任务的研发费用降低,从而节省更多的费用。

10.1.10　成本和收益研究

除降低开发成本外,自动化系统还为计划评估阶段提供了宝贵的信息。对于每个计划,它提供详细的资源和总结信息,告知成本和风险评估。它还自动生成了评估任务替代方案的计划草案。任务设计者和项目经理认为这两种能力都是非常有益的,这些信息直接用于估计地面站的成本和分配雷达卫星资源配额。

自动化系统在任务设计过程中用来解决的一些具体问题如下。

(1) 确定用于计算任务成本和与 CSA 协商航天器资源分配的资源需求。

这个问题通过系统为每个计划生成的简要统计信息来解决。这些数据包括机载记录器的使用情况、SAR 的开启时间和按站划分的下行数据的总时间。前两项在星载资源分配中是非常宝贵的。按站划分的下行时间用来估计地面站的成本,预测调度资源,并安排下行时段。这些日程安排的细节和早期可用性极大地简化了这个过程。

(2) 不同的下行链路调度策略如何影响任务计划。

这个问题通过使用 ASPEN 系统进行假设模拟来解决。由于下行站优先级是下行链路生成算法的参数之一,因此扩展了计划,并使用四种不同的优先级系统生成下行链路调度。ASPEN 提供了数据,以便就优先事项做出决定,并在早期阶段对任务分配产生重大影响。

任务执行过程中的异常需要进行重新规划。在操作过程中,航天器或地面站异常会导致预定的数据丢失。这些任务可以通过规划系统进行重新安排。

业务重新规划人员必须在执行之前至少 36 h 提交重新规划的范围,以便为 MMO 提供足够的时间来处理和上行请求。在大多数情况下,这意味着重新规划工作人员必须在异常情况发生后 48 ~ 72 h 内提交新的观测计划。要在 AMM－1 所要求的时间限制内手动改变计划,需要一个由四人组成的团队从预先生成的应急计划部分开始工作。未观测到的数据被放在原始计划的空白处,以最小化覆盖漏洞,避免进行更广泛的更改(如更改其余未执行的计划范围),以减少计划工作和在计划中引入错误的机会。有时不可能找到一种方法来重新安排在该时间范围内使用这些手工过程所错过的所有观察,这些观察结果只是从时间表上删除了。

对于 MAMM 规划器,可以在操作期间使用自动计划器识别手工生成的重新计划中的操作冲突。系统将重新规划的时间表作为输入,并在几分钟内提供冲突列表。这个功能使重新规划团队能够在提交给 MMO 进行最终检查之前快速识别并纠正任何违反约束的行为。

使用该系统进行异常重新规划是行动程序的一部分,在行动期间可用,并在行动预演期间成功地重新规划模拟异常。然而,在执行任务期间从未使用。在第一个周期中很少出现异常,并且它们只会影响可以通过人工重新安排的观测。

不过,这种能力预期将对今后的任务有用。如果它在有十个航天器异常并且在任务早期丢失了一个主要的地面接收站的 AMM−1 上可用,AMM−1 项目管理者估计重新规划的人员可以从四个减少到一个。

10.1.11　开发

使用 ASPEN 规划环境开发了自动规划系统。ASPEN 提供了域建模语言和约束检查工具。开发过程相当典型:获取规范和领域知识(操作约束),对知识进行编码,开发基础设施,然后对其进行测试。

开发过程在两个迭代中重复。第一次迭代(R1)产生了一个具有最关键能力和操作约束的操作系统,这被用来拟订一份计划草案,用于制定成本和可行性估计。该开发过程还提供了对操作性及必要和不必要功能简化的反馈,并促成了对操作约束的一些细微改进。第二次迭代(R2)的开发,以及第二个和最终版本的实现,都是由 R1 的反馈得来的。开发过程总工作时间不到 7 个月。

10.1.12　困难

应用 ASPEN 规划系统的主要困难在于对大规模计划的处理。一个典型的 24 d MAMM 输入计划有超过800 个范围和 1 000 个下行窗口,并扩展成一个包含 8 000 多个活动和 1.6 万个时间表单元的计划。ASPEN 通常在几分钟内生成的计划是这个规模的十分之一,但这些大型计划需要大约 1 h 才能生成。性能退化是约束传播成本和内存交换的结果。

为降低传播成本,重新设计了调度算法,以消除不必要的"下游"传播。当活动被添加到调度并强制进行资源保留时,它将强制活动下游的所有资源时间轴单元重新计算。在可能的情况下,将活动放置在增加的时间顺序中,尽量减少下游活动的数量。该算法采用启发式算法,保证了最有效的排序。

通过重新设计域模型以最小化扩展计划的大小,从而进一步提高了性能。818 条列投入的扩展计划将从大约 1.2 万项活动和 2 万个时间表单位减少到 8 000 项活动和 1.6 万个时间表单位,即减少约 25%。这降低了内存限制下的计划大小,将性能提升到可接受的水平。

如果没有这些改进,一个典型的 800 个扫描任务计划需要超过 10 h 才能运行。经过修改后,可以使搜索空间缩小约 25%,只需要约 1 h 就能完成。

需要注意,非常大的规划问题会遇到性能瓶颈,而对于较中等的问题大小,性能问题不会出现。在预测成本和选择规划系统时,需要考虑性能调优对开发和维护的影响。

10.1.13　维护

目前维护还不是一个突出问题。雷达卫星操作限制数年来一直是静态的，预计将继续如此。如果需要维护，更新机制即修改域模型。如果需要，则更新扩展排序启发式。最终用户应该能够对 ASPEN 模型本身进行简单的修改。这种语言是为非人工智能专家设计的，且已经成功地开发出了详细的 ASPEN 模型。但是，重大的更改可能需要额外的性能调优，这需要有经验的开发人员进行。

10.1.14　结论

任务规划是一项时间和知识密集型的任务。人工开发 AMM－1 的任务计划需要一个工作年。通过开发一个自动计划系统，将 MAMM（AMM－1 的后续任务）的任务计划时间缩短为两个工作月。除减少任务规划工作外，它还能迅速生成评估任务备选方案的假设计划，并提供用于计算任务成本和分配航天器资源的丰富信息。这些分析有助于提升任务的质量和成功率，任务规划人员认为这种能力是一种宝贵的工具。MAMM 规划器非常成功，预期未来的雷达卫星任务也会取得类似的成功。

10.2　RSSC 卫星任务规划系统

10.2.1　任务背景

RSSC 是 JPL 实验室为罗塞塔彗星探测器科学仪器调度规划所开发的定制软件。罗塞塔彗星探测器是 ESA 于 2004 年发射的深空探测器，其主要科学任务是探测 67P/Churyumov-Gerasimenko 彗星的成分。罗塞塔彗星探测器携带二次离子质谱仪等 11 种科学仪器，其科学仪器调度规划过程极为复杂，一方面每个仪器都需进行多种探测活动，另一方面也要求探测器本身满足几何、光照、位置、航天器指向等多种严苛的约束要求。RSSC 系统基于 ASPEN 系统的二次定制开发而成，又称 ASPEN－RSSC，通过优先级调度等算法成功完成罗塞塔彗星探测器长期、中期及短期探测计划的多次任务规划和调度。

罗塞塔慧星探测器发射时质量约 3 000 kg，大小约 2.8 m×2.1 m×2.0 m，有两个 14 m 长的太阳能电池板，太阳能电池板面积共 64 m²。罗塞塔任务的科学规划是极其复杂的，11 台科学仪器中的每一台都进行了多次科学活动，并对航天器提出了许多操作上的限制，以实现其科学测量，包括几何、照明、位置、航天器指向、仪器模式、时间和观测节奏。由于有效地规划科学仪器操作是一项具有挑战性的任务,因此 ESA 组建一支由高度熟练的联络科学家和仪器操作工程师组成的团队,他们与载荷仪器团队合作,为罗塞塔任务制订科学的计划。

为使科学规划在操作过程中顺利进行,科学操作的重要部分是通过对所谓的框架规划的推导来预先计划。实际上,框架计划是科学计划的一部分,是为特定的环境(如任务的操作和科学探测)预先派生出来的。针对一系列可能发生的突发事件,通过预先计划的方式事先制订应对的具体方式方法和流程,当需要对任务进行调整时,很大一部分工作是调整已经制订和检查的计划,而不是从头开始构建和审查计划。

在任务行动中,当前的基线计划将根据科学、彗星和航天器条件进行修改和调整。在某些情况下,这可能会导致对计划的重大修改。因为这是对彗星的第一次扩展任务,所以对于彗星的动态环境还有很多需要了解的地方。因此,科学规划团队必须为以前制订的计划可能进行重大修改做好准备。

整个科学规划过程包括管理重要的规划相关信息以支持规划过程。例如,ESA 正在开发观测管理(OBM)软件,以支持开发和存储科学活动、观测和调度规则及约束。此外,还需要活动管理和跟踪,以保持对过去、当前和计划的观察如何满足和不满足科学活动要求的整体态势感知。同时,任务团队正在开发一种自动化的科学调度能力,以支持框架计划开发和操作计划的细化。罗塞塔 RSSC 的调度系统是整个科学地面部分的一部分。

10.2.2 规划约束

在罗塞塔科学计划中,生成科学仪器计划时必须考虑大量的约束和偏好。本节主要描述这些约束以及它们是如何处理的。

(1)科学活动定义。

"罗塞塔科学计划"涉及许多科学主题,这些主题与科学测量 / 观测要回答的科学问题有关。 科学活动是一系列观察,旨在收集数据,使科学团队能够回答这些问题并完善相关理论和模型。

三个主要结构用于调度单元观察:"Repeat while repetition"表示需要多次安排一个观测(或一组观测)与相邻观测之间的时间关系;"Repeat/insert while obs/window"表示可以在满足条件时安排观测,如几何配置(观测机会)或与另一个观测同时进行;"Start/end when Start/end"表示可以安排一种类型的观测与不同类型的观测具有定义的时间关系。

科学活动的另一个复杂性是将活动扩展到可安排的观测。例如,一个科学活动可能是在两个不同的照明条件下,以预先指定的空间分辨率绘制彗星核的表面。空间覆盖率可以通过扩大活动范围来表示,即在一个点状目标的列表上进行复制,并限制与彗星的距离。对不同光照条件的迭代是通过扩展以前的目标集来处理的,为每个光照条件复制一个请求。一般来说,这些扩展是通过对所有的点实例和适用条件的交叉乘积复制观察请求来处理的,这将导致观察请求的详尽列举,然后输入到调度器。

监测活动则有些不同,监测活动一般是围绕冲突的单元观测来安排的,但可能需要搜索(一般是在冲突观测的位置)以满足基本的监测的活动。这些活动是在较长的时间内进行的,并打算达到一个特定的持续时间水平。监测活动可能会中断,以获取具有不相容的指向性或状态约束的竞争性观测。一个典型的科学活动定义将指定以特定的节奏获取的观测类型(如每 $18 \sim 28$ h 进行 $20 \sim 30$ 次 Y 型的 Osiris 成像活动)。更为复杂的活动可能会指定多种观测类型,并将这些观测联系起来(如在 $6 \sim 8$ h 后进行 A 型观测和 B 型观测)。运动也可以允许约束条件的嵌套(如每 $6 \sim 8$ d 安排一连串的 X 型爱丽丝观测,其中每个序列是 $4 \sim 6$ 次观测,间隔 $45 \sim 70$ min)。活动定义断言约束条件要专门化观测(如设置参数)或观测之间的约束条件(如时间间隔、计数)。来自观测类型的约束在下面的观测定义中表示。

(2)观测定义。

观测定义规定了科学仪器所要获取的测量类型,它可以指定指向要求、持续时间、观测参数(如积分时间)、几何约束、空间约束、照明约束及操作顺序约束。在某些情况下,一个复杂的观测(如光栅或马赛克)可以被定义为一个单一的复杂观测。因为光栅的一些尺寸(如图像之间的间距)可能是在航天器惯性以外的参考框架中定义的,所以必要的回转可能会根据与目标的距离而变化。事实上,在某些配置中,回转可能是不可行的,这使调度变得复杂,因为复杂观测的关键参数(如持续时间、图像的时间间隔)可能根据观测的时间安排而变化。

(3)序列。

观测可以指定仪器序列,其中每个序列是进行观测所需的一系列模式转换。这些序列通常是相对于时间和参数的。仪器模式也定义了仪器的资源使用,通常包括功率、数据量和数据率,但也可能包括其他更复杂的约束。最常见的是,罗塞塔为每一个数量建立了低、平均和高的速率,并将内务(工程)与科学数据速率分开,还在适用时应用定义的压缩速率。然而,随着越来越接近主要操作,这些模型正在被大大增强,以提高模型的准确性。

(4)时间窗口。

出于对每一类观测的效率考虑,非指向性几何约束在调度之前就已经预先计算好了。所有的非指向性几何约束都是由感兴趣的目标和轨迹定义的,它们可以被正确计算,与航天器模式、指向性等无关。非指向性几何约束条件的常见例子是与目标的距离或角度,如"当航天器在核子 75 km 以内时""太阳天顶角为 $30°$ 或以上""发射角小于 $45°$"等。

（5）航天器状态和资源。

航天器状态和资源包括上述仪器和观测限制（模式、功率、数据量等）。在少数情况下，仪器模式或观测可能对其他仪器或航天器子系统有约束（如仪器 1 观测时要求仪器 2 关闭）。这些约束通常可以在 ASPEN 建模语言中直接表示，因此需要最小的调整工作。

（6）指向和回旋。

许多遥感观测有一个必要的仪器指向性。例如，一项观测可能要求 Osiris 仪器的后视镜对准被观测的彗星核表面的某一点。观测的指向可以实现为"prime"或"rider"。"prime"的意思是观测决定了航天器的指向，在观测之前的某个时间点，航天器被回转以实现该指向，该指向在整个观测过程中被保持，后续航天器被回转到下一次观测所需的指向。观测也可以作为"rider"观测来实现。在这种情况下，确定主要观测所需的指向也与次要观测兼容。例如，在用仪器 A 观测一个点状目标时，用仪器 B 获取图像，作为绘图活动的一部分。

对有重大回转的观测安排是一个相当令人关注的问题。一般来说，罗塞塔航天器有一个半默认的指向策略，让 +Z 甲板指向彗星的天底点。遥感仪器通常与 +Z 甲板对齐，以便在遥感图像对彗星核或彗星核附近进行成像时粗略地保持这一指向。然而，远离这个指向的扩展扫描需要仔细安排。Alice 仪器将定期进行一系列的扫描，粗略地覆盖远离彗星的两个轴线，并延长时间（长达 12 h）。Miro 仪器沿着远离彗星的两个轴线进行类似的扫描。Alice 和 Miro 仪器在远离彗星的地方进行扫描的时间安排是至关重要的，因为罗塞塔的回转可能相当耗时（如每一度的回转需要 20 s）。

航天器的回转和指向也会显著影响原地的监测测量。航天器被设计成默认的指向（天底的 Z 甲板），可以优化某些现场测量。当罗塞塔靠近彗星时，这一点尤为重要，因为气体密度增加，这是最佳的测量机会。因此，当航天器靠近彗星时，有一个激励机制，即不要远离 Z 甲板的天底线。

（7）工程活动。

罗塞塔也有定期的工程活动，这些活动会影响它的科学运作。罗塞塔将定期进行轨迹修正机动（TCM），以保持一个稳定的、可预测的轨迹。在 TCM 之后，航天器的位置不确定性将达到最小状态。罗塞塔也有定期的反应轮卸载（WOL）活动。在 TCM 和 WOL 活动期间，很少有科学活动可以进行。罗塞塔还有导航成像活动，在该活动时间中，导航相机必须对准彗星核。这不仅在活动期间限制了航天器的指向，而且由于回转时间的原因，因此在活动前后也限制了航天器的指向。但定期安排的下行链路不会对科学操作产生重大影响，因为罗塞塔具有一个高增益天线。

（8）板载存储和数据管理。

罗塞塔所有的科学数据都必须获得并暂时储存在航天器上，以便最终下传到地面站。在某些情况下，航天器有用于临时数据存储的缓冲区，最终数据被传输到预先划分到航天器空间的中央数据记录器。科学调度过程的一部分是对数据存储的管理，以实现大量的科学观测，而不会因为有限的机载存储和无法下行链路而丢失数据。像许多航天器一样，罗塞塔允许每次下行时一次性通过所有的缓冲区，每次下行的时间／数据分配是可变的，每次下行的顺序也是可变的。

10.2.3　框架规划调度算法

RSSC 是通过对 ASPEN scheduling 框架的改编实现的。RSSC 输入一组 XML 格式的调度规则、科学活动、观察定义、观察机会等，并从中自动生成一个 ASPEN 适应性调度。这意味着运动、指向、观察和其他约束的改变可以直接在罗塞塔项目系统中进行，并自动反映在 ASPEN 应用中。

RSSC 目前使用一种建设性的优先级调度算法来支持框架计划的开发。在此算法中，每个科学活动都有一个固定的最低、首选和最高实现水平的优先级。RSSC 调度器依次搜索以满足每个级别的要求，而无须重新访问早期（更高优先级）调度操作的选择。

在这些调度器的每一次迭代中，调度器都会尝试增加所定义的科学活动的满足程度。这种情况一直持续到不再有请求为止。

在每一阶段的科学活动中都存在着大量的搜索。到目前为止，主要关注点是在 2015 年持续 8 周的二十面体轨迹背景下的任务规划。对于这个特定的框架规划问题，大约有 50 个任务目标和 300 多个预定观测。

图 10.2 所示为基于 Web 的 RSSC GUI 界面示意图。最上面是观察活动，每一行代表一个科学活动。当高亮显示时，会显示该活动的时间窗口，安排单个观测的约束窗口时也会突出显示。在这种模式下，用户可以看到哪些约束条件最能限制单个观测活动的安排，在最极端的情况下会阻止观测活动的安排。GUI 还显示了一个日程表比较视图，在这个视图中，来自两个计划的活动被显示在相同的活动时间线上，并排或堆叠在一起。在本例中，蓝色和紫色表示两个计划：蓝色表示单独安排的科学活动（如不与其他活动竞争）；紫色表示当所有的活动都在竞争时的计划观测。这个视图允许用户区分那些本身就很难安排的活动（如很少的几何机会）和那些因与其他活动竞争而表现不佳的活动（如可能通过提高优先级来帮助）。

RSSC 暂时没有强调对于操作流程自动调度的支持。业务流程要求在长期规划（LTP）中，从框架计划中制订操作计划。随着中期规划（MTP）和短期规划（STP）的发展，这个运营的 LTP 计划将被进一步完善和细化。这涉及从一个现有计划和一组更新(变化)中产生一个新的计划。虽然这与"从头开始"的计划生成有一定关系,但最终使用的算法和方法可能有很大不同。

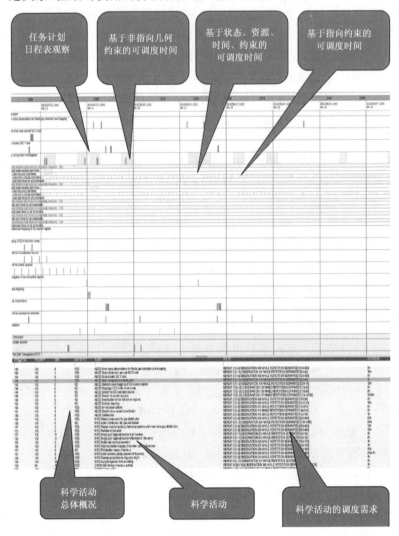

图 10.2　基于 Web 的 RSSC GUI 界面示意图

10.2.4　RSSC 调度器的开发

RSSC 调度器自 2011 年春季开始开发,并进行了一系列科学地面部分(SGS)的测试集成(2012 年 6 月、2012 年 11 月、2013 年 3 月),主要集成在 2013 年夏季完成。运行系统在 2014 年初处理科学计划,为 2014 年秋末开始的彗星护航阶段做准备。在航天器接近彗星后,部署着陆器,着陆器运行数周后,主轨道器探测科学阶段开始。这个初级科学阶段大约持续 9 个月。

10.2.5　结论

前文描述了 RSSC 自动调度系统,旨在支持罗塞塔科学规划,成为罗塞塔科学地面部分(SGS)的一部分。RSSC 主要用于支持罗塞塔轨道飞行器运行框架、长期规划和中期规划阶段生成着陆前和护航阶段计划。然后,本节描述了系统中表示的约束的类,并介绍了当前正在使用的搜索方法以及当前实现的一些约束和比较分析方法。最后,本节描述了系统的开发过程等内容。在到达彗星之前,罗塞塔任务主要是开发框架计划,这是预先开发的计划,用于进行一系列测量活动。同时,进行了自动化规划部分的开发,以便通过为给定的轨道和科学活动生成计划来支持框架规划过程。

10.3　MAPGEN 航天器任务规划系统

10.3.1　任务背景

2004 年 1 月,NASA 发射一组探测器(MER),该组探测器在火星表面两个相隔甚远的地点进行着陆,发射的探测器 MER 在火星表面两个相隔甚远的地点着陆,其任务是探索火星的地质。探测器 MER 的示意图如图 10.3 所示。针对该任务,研究人员进行了许多规划研究工作,旨在使探测器 MER 的操作自动化。与此同时,传统任务规划是人工进行的:工程师在地面上开发指令序列,并将它们发送到执行这些指令的航天器。但是由于火星任务的复杂性和积极的行动计划,对这种传统方法提出了挑战,因此虽然没有考虑板载决策能力,但为地面自动化(包括自动规划)提供了机会。由此开发了一种名为 MAPGEN 的基于约束的混合计划系统,它在整个基础和扩展任务中生成日常活动计划方面发挥了关键作用。

传统的人工智能规划系统被赋予一个初始状态和目标状态,并期望自动生成一个行动计划,从初始状态开始实现目标状态。虽然这种方法适用于完全自动化的操作,但此次火星任务操作需要大量人工参与计划评估和构建,且其操作的另一个特点是度量时间和其他技术参数的大量参与。人工智能规划传统上侧重于符号系统,通常避免使用数值。因此,混合计划模式更为合适。

MER(图 10.3)采用太阳能(配有蓄电池),有效载荷包括以下设备:全景相机(pancam)、导航相机(navcam)和微型热发射光谱仪(mini TES),安装在底盘上方的桅杆上;安装在火星车前后的感知摄影机(hazcams);安装在机械臂上的显微成像仪(MI)、Moessbauer 光谱仪(MB)、阿尔法粒子 X 射线光谱仪(APXS)和岩石磨损工具(RAT)。

图 10.3　MER

MER 配备了广泛的通信设施,包括用于直接对地发射和接收的高增益天线和低增益天线,以及用于与环绕火星的卫星通信的超高频天线。通信机会由每个火星车的着陆地点和深空网络计划或卫星轨道计划决定。机载计算机控制各个分系统的操作,并提供数据处理、系统状态跟踪、有限的避障等功能。由于其较大的功率消耗和有限的能源供应之间的矛盾,因此计算机必须被优化使用。

10.3.2　任务操作

为完成这项任务,设计了通信周期,使得两个漫游者都可以在每个火星的太阳日 Sol(solar day)(即火星日,24 h 39 min 35.2 s)收到指令。地面任务操作的时间受到严格的限制,因为人们希望等到最新的信息出现后再执行操作,但也必须及时完成操作任务,以便将命令上注到火星车上。在基础任务中,漫游者为地面留下了 19.5 h 的操作时间。

在这个过程中(图 10.4),分析了之前 Sol 的工程和科学数据,以确定漫游者及其周围环境的状态。在此基础上,根据战略性长期计划,科学家们为下一个 Sol 确定了一系列科学目标。在这个阶段,只有粗略的资源指导可用。因此,鼓励科学家超额提出各种需求和目标,以确保在最终计划中充分利用探测车的资源。

图 10.4　火星时间下的任务操作流程

在下一步指挥过程中,科学观察请求并入工程需求(如测试特定执行器加热器的热剖面),并需要为即将到来的 Sol 构建详细的计划和活动安排。该计划必须遵守所有适用的飞行规则,这些规则规定了如何安全地操作探测器及其工具套件,并保持在指定的资源限制内完成任务。在这个步骤中使用了 MAPGEN 进行辅助决策。

一旦获得批准,活动计划就被用作创建低级指令序列,这些指令将被上传至漫游车板载执行,然后对这个序列结构进行验证、打包并与漫游者通信和指令上注,这就完成了命令周期。

10.3.3　MER 活动计划

为位于不同星球上的漫游者制订活动计划是一个富有挑战的问题。远程位置和到达那里的费用需要严格的操作规则,以减少车辆损坏或丢失的风险。同时,正是这些因素促使人们希望最大限度地完成科学研究,因为预期的任务寿命是有限的。与航天器相比,漫游者表面的操作受到更大、更复杂的安全飞行规则和任务要求的限制。

尽管观察请求和命令序列是由科学家和工程师团队构建的,但是通常具体活动计划的最终制订是由被称为技术活动计划者(TAP)的操作人员主要负责完成的。分析以前的科学数据并决定接下来的科学观测需要很长时间,构建序列结构也非常耗时。这给活动规划留下了很少的时间,同时也给整个任务团队带来了压力。一方面,需要构建高质量的计划,以最大限度地提高科学回报;另一方面,又不能耽误将计划转换为命令序列结构。图 10.4 显示了命令周期内活动计划过程的有限时间。

作为规划问题,MER 活动计划生成过程具有以下几个关键特征。

(1)优化。

目标是实现最大数量的最高优先级科学目标,这些目标是从超额订阅漫游者资源的请求集中选择的。

(2)时间限制。

指定的活动在连续时间内受到限制,包括绝对时间和相对时间。此外,飞行规则规定了互斥要求。

（3）资源。

能源等复杂的连续量资源起着重要作用。

（4）层次活动。

高级活动被分解为低级活动的特定时间配置。

（5）规模。

活动计划中低级活动的数量通常在几百到几千个之间。

（6）不完全问题定义。

不能预先指定偏好和其他主观解决方案标准。

10.3.4　MAPGEN 系统特点

传统上，航天器的运行规划是手动完成的，主要利用软件工具模拟计划执行和识别飞行规则违反。深空探测中存在的显著通信延迟和任务复杂性，加上规划和调度技术的进步，为将自动规划和调度技术部署到火星探测器地面操作问题提供了机会。

在传统的自动规划中，操作者加载目标和初始条件，按下按钮，等待一个完整的计划。由于需要将人类在任务规划和科学操作方面的专业知识用于解决这一复杂的操作问题，这种方法被认为是不可接受的，因此任务团队为这个应用采用了混合主动（mixed-initiative）的任务规划方法。

深空探测任务中有许多方面需要人类的参与。任务操作依靠许多检查环节和验收环节来确保安全。对于活动计划，关键的环节是活动计划批准会议，在会议上提交完整构建的计划，对其进行评估，然后希望在可能进行微小修改的情况下被接受。因此，决策者必须能够理解和保证计划的有效性。然而，最初的用户测试表明，一个自动构建的完整计划很难被操作者分析，特别是考虑到固有的时间压力。因此，火星任务团队倾向于逐步构建一个小而容易理解的子计划块，从而逐步构建完整计划。

另一个问题是不可能进行正式编码并有效地利用所有表征计划质量的知识。计划质量的一个方面涉及一系列丰富的科学偏好，包括对活动的绝对和相对日程安排的偏好，以及在面对严格的资源限制时，对科学观察的削减和改变的组合的偏好。计划质量的另一方面更为复杂，它与计划的全局特征有关，如可接受的资源使用情况，以及将计划转换为命令序列结构的估计复杂性。

混合计划在 MAPGEN 中的作用很大程度上体现了这种规划的原始概念，目的是支持用户与自动化系统之间的协作，以制订高质量的活动计划。值得注意的是 MAPGEN 方法的某些特性。与混合计划规划的某些变体不同，MAPGEN系统在规划过程中不会主动征求用户的帮助。操作者的主要作用是指导和关注计划构建过程,并提供计划的定性评估。该系统用户可以使用自动规划功能,并执行可能单调乏味的任务,如扩展活动和维护约束。用户与系统之间预期的交互是系统在后台不断处理扩展和约束执行,而自动的计划构建是用户调用的。

10.3.5　关键特性

作为大型任务操作系统的一个组成部分,MAPGEN 的能力随着时间的推移与地面数据系统的其他部分一起发展。当前的用户特性是设计空间中旅程的最终结果,在许多测试过程中,在用户的反馈引导下不断改进,并受整个操作系统变化的影响。可以将主要特征归纳如下:

(1)计划编辑。

计划编辑可以通过直接操作、表单编辑或菜单项修改活动和约束。

(2)计划完成。

计划完成可以完成选定的活动子集,因为所有子目标都实现了,并且任何必要的支持活动都被添加到计划中。

(3)主动约束。

在计划编辑期间,积极地执行正式约束和规则。因此,当一个活动被移动或修改时,将根据需要修改其他活动,以确保仍然满足约束。

在开发这些功能的过程中,很明显需要以下附加特性。

(1)Hopper。

为使用户进行增量计划,需要一个临时区域,称为 Hopper,用于尚未成为计划一部分的活动。

(2)目标拒绝。

如果计划请求无法完成,MAPGEN 可以拒绝低优先级的活动,从而为计划中高优先级的活动腾出空间。还有一个超时机制来终止任何过长的探测,在此之后不完全计划的活动将被拒绝。被拒绝的活动被放置在临时缓存中,不会影响继续进行正常的活动计划。

(3)限制移动。

用户可以使用拖放机制将活动移动到首选位置。系统根据需要自动调整其他活动来支持约束的主动维护,以确保计划的有效性。在常规约束移动中,移动活动将相互排斥的活动推到它前面。在一种被称为"超级移动"的变体中,移动的活动可以跳过这些活动。在这两种情况下,都提供了关于可能移动范围的视觉反馈,并阻止用户移动到该范围之外。

(4)最小扰动。

操作约束的复杂性使得对活动计划的修改十分烦琐,系统在这方面提供了很大的便利。修改的影响可以用不同的方式处理,如在受限制的移动之后,有许多方法可以移动其他活动,以确保结果计划满足所有时间限制。为保持连续性和方便用户理解,系统试图通过保持活动尽可能接近它们以前的位置来最小化更改,同时满足约束条件。

10.3.6 MAPGEN 架构

MAPGEN 系统有五个主要组件,其架构如图 10.5 所示,其中一些是预先存在的软件模块。将这种技术注入任务的一个要求是使用 JPL 现有的交互计划编辑器 APGEN 作为 MAPGEN 的前端。MAPGEN 中计划表示和推理能力的核心是一个基于约束的规划框架 EUROPA(可扩展的统一远程操作规划体系结构),由 NASA Ames 研究中心开发。

MAPGEN 系统中的新功能包括这两个子系统之间的接口,支持对 APGEN 图形用户界面的扩展,以提供混合计划功能,并支持目标拒绝、优先级和超时的更复杂的计划搜索机制。保持 APGEN 和 EUROPA 数据库同步,任一数据库都可以发起更改。

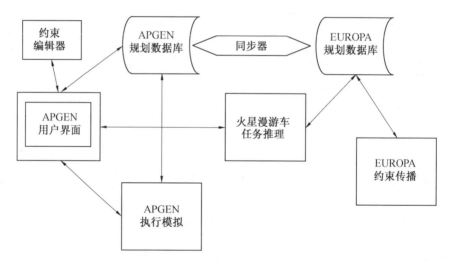

图 10.5　MAPGEN 系统架构

最后,系统提供一个外部工具(称为约束编辑器),可以方便地输入和编辑日常科学约束,因为当前的 APGEN 图形用户界面并不方便支持这一点。

10.3.7 EUROPA:基于约束的规划框架

在基于约束的规划中,动作和状态被描述为保持时间间隔。每个状态都由谓词和一组参数定义,就像传统的规划范式一样。持续性的动作也由参数化谓词表示。 动作或状态的时间范围根据开始和结束时间指定。 例如,指定全景相

机加热器需要开启 25 min,从 8:00 开始,可以写成

$\qquad$ holds(8:00,8:25,pan_cam_htr(on,0:25))

但是,在基于约束的计划中,每个时间和参数值都由变量表示,并由约束连接。因此,声明为

$\qquad$ holds(s,e,pan_cam_htr(state,dur)) s = 8:00, e = 8:25, state = on, dur = 0:25

上述方法允许指定。例如,加热器必须开 30 min,可以在一定时间范围内发生,并且必须在给定的相机使用之前发生,最多 5 min,则可以写成

$\qquad$ holds(s1,e1,pan_cam_htr(state,dur1))

$\qquad\qquad$ s1 $\in$ [8:00,8:30], state = on, dur1 = 0:30

$\qquad\qquad$ e1 = s1 + dur1

$\qquad$ holds(s2,e2,pan_cam(tgt,♯pics,dur2))

$\qquad\qquad$ s2 $\in$ [9:20,9:40], tgt = rock, ♯pics = 8

$\qquad\qquad$ e2 = s2 + dur2

$\qquad\qquad$ s2 − e1 $\in$ [0:00,0:05]

约束推理在基于约束的规划范式中起着重要作用。任何部分计划,即由约束连接的一组活动,都会产生约束网络。基于约束的推理可以提供关于计划的附加信息,减少做出选择的数量,并尽早识别出最终的计划。一致性推理是一种常用的约束推理方法。

通常,时间变量和相关的约束会产生一个简单的时间网络(STN),其中通过执行互斥约束的决策选择可以简化为一个节点。对于 STN,可以使用 Bellman-Ford 算法使网络弧一致并确定低阶多项式时间的一致性。在基于约束的规划中,模型规则是按照区间语句和约束模式来指定的。例如,一条规则规定在中午之前的任何相机使用之前,需要一个摄像机加热器提前 0 ～ 5 min 进行加热。从本质上说,该规则将规定

$\qquad$ holds(s2,e2,pan_cam(tgt,nrpics,dur2))

$\qquad$ where s2 is necessarily less than 12:00, there must exist a

$\qquad$ holds(s1,e1,pan_cam_htr(state,dur1))

$\qquad$ such that:s2 − e1 $\in$ [0:00,0:05]

Constraint schemas can also apply to single interval statements, e.g., for any occurrence

$\qquad$ holds(s1,e1,pan_cam_htr(state,dur1))

we ensure the heater is never on for more than two hours:dur1 $\in$ [0:00, 2:00]

EUROPA 框架执行合理的约束推理,并为探测活动和其他在这个框架上执

行的操作提供一种触发适用域规则的机制。在基于约束的规划中,显式时间约束分为三类:模型约束、特定问题约束和权宜约束。

(1)模型约束包括定义约束和互斥飞行规则。例如,在MER中,将活动扩展为子活动会导致父代和子代之间的时间关系。

(2)特定问题约束包括规划问题中特定活动之间的"即时"关系。在MER中,这些约束(通常称为"日常约束")与科学观察的相关元素相关,以捕捉科学家的意图。例如,大气不透明度的多次测量可能需要至少间隔30 min。这些约束是使用约束编辑器工具输入的。

(3)权宜约束是那些为了保证遵守更高层次的约束而做出的决定所产生的约束,这些决定通常呈现并列关系,可以在多个选择中任意选取一个,这些约束不能直接在STN中表达出来。例如,一个飞行规则可能指定两个活动是相互排斥的(如当漫游者移动时移动手臂)。这实际上是一个析取约束,但要满足它,就必须把活动按任意顺序排列。在自动规划的探测过程中,通常会添加权宜约束。

10.3.8 最小扰动计划

MAPGEN用户界面只能显示灵活计划的单个实例,这就提出了应该选择哪个实例化的问题。项目团队开发的方法是基于最小化与参考时间表的偏差,参考时间表不一定是一致的。

考虑这样一个例子:用户刚刚在当前实例化计划中重叠的两个活动之间添加了一个排序约束。约束与显示的计划不一致,但是首先假设约束的增加不会使底层的柔性网络不一致。然后,目标是找到一个新的实例化,该实例化与前面的实例化接近,并且与新的约束保持一致。

有效地找到一个首选的实例化是一个同步进行的研究课题,但是一个近似的技术被发现在MAPGEN中运行良好。该技术采用贪婪启发式算法,其中变量按某种顺序实例化。对于每个变量,选择与首选放置值最接近的合法值。该算法在文献[130]中有详细描述,概述如下。

(1)将所有当前位置保存在一个临时列表中。

(2)删除所有当前位置约束并重新传播。

(3)对于保存位置 x 的每个时间点 t:

if t is within the STN bounds for x

    then add a position constraint setting x to t

else if t < the lower bound (lb) for x

    then add a position constraint setting x to lb

else if t > the upper bound (ub) for x

then add a position constraint setting x to ub

Propagate the effect of the new constraint

在实例化之间传播网络,这不仅保证了在底层的灵活网络是一致时产生一致的实例化,而且结果对用户来说是非常直观的。图 10.6 所示为时间优先标准下的规划示例。

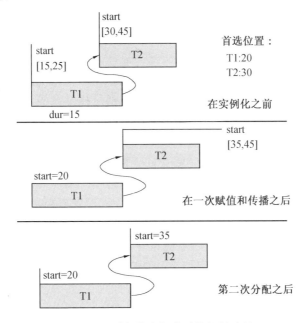

图 10.6　时间优先标准下的规划示例

10.3.9　约束移动

一个常用的计划修改方法是将活动移动到新的时间。只要活动仅在灵活计划中域定义的灵活性范围内移动,结果必然是另一个一致的实例化。这一观察结果产生了一种约束移动的概念。

在受限的移动过程中,系统主动地限制活动的移动,使其保持在允许的范围内。然后,一旦用户放置了活动,最小扰动更新将应用到所有受影响的活动,从而产生一个新的有效计划实例。

需要注意的是,一致性的执行考虑了决定灵活计划的所有约束,其中包括因决定如何安排互斥的活动而产生的权宜之计。由于这些决策是维持不变的,因此通常的受限行为会将被排除在外的活动提前。然而,有时操作者会希望重新排序相互排斥的活动。为支持这一点,系统提供了一个名为 super-move 的变体,它暂时放宽了权宜约束,直到移动完成。这是一种简单的重新规划形式。

10.3.10　规划方法

在 MAPGEN 中,从使用搜索查找完整和有效计划的意义上来说,规划的使用在某些方面不同于传统的应用程序,这源于工具的混合主动性和领域的细节。

在 MER 领域,传统子目标的概念几乎完全没有。相反,活动有固定的、类似分层任务网络(hierarchical task network,HTN)的扩展,定义在任务活动字典中。依赖于上下文的活动(如需要建立先决条件的活动)非常少见,通常是手动添加的。主要的例外是 CPU 的管理,它由自动规划系统处理。

MAPGEN 规划方法设计的另一个关键因素是科学观测请求会超额使用可用资源。由于 MER 的资源通常是非常紧张的,因此每个观测请求都有一个必须考虑的给定优先级,以此来确保优先安排最重要的活动。

最后,规划方法必须让用户能够访问,并且必须确保对用户请求的及时响应。用户可访问性需求导致了许多不同的规划方法,响应时间需求催生了一种能够实时输出规划结果的探测技术。

(1)核心规划算法。

MAPGEN 规划算法所做的主要决策是,是否在计划中包括一个活动及其所有子活动,以及对于每个包含的活动和子活动,如何根据相互排斥的活动对其进行排序。对于每个排序决策,计划器都插入一个临时约束来执行它。计划器维护所有决策的堆栈,如果有必要,回溯以实现一致的计划。

其中有几个复杂的因素。如上所述,问题是超额认购,科学观察被优先考虑。一种简单的方法是使用标准的回溯搜索,它更喜欢处理更高优先级的活动,并且不拒绝活动。这将很容易处理较高优先级活动与较低优先级活动之间的直接冲突,但是当需要进行搜索以证明较低优先级活动与较高优先级活动之间存在冲突时,就变得难以处理了。为避免潜在的指数搜索,修改了基本回溯方法,以提供动态回溯的不完整变体。然而,搜索过程并没有收集和合并无法消除的约束冲突,而是回溯到相关的顶级活动。当顶级活动超出其分配范围(根据其优先级的不同而变化)时,将视为"麻烦"并被拒绝。由于不同顶层活动可能导致的决策交叉,因此需要一种依赖导向的冲突分配和清理形式。

(2)响应时间保证。

对"麻烦"活动的非系统拒绝对于平衡完成的探测工作量和解决方案的质量至关重要。但是,完成搜索所花费的时间仍然有很大差异,这取决于问题的大小和活动之间的交互程度。为提供一个有保证的响应时间,搜索包含一个全局超时机制。该机制的关键要素是在停止搜索之后进行清理,这同样需要依赖于指向的方法。在实践中,超时拒绝方法很少被触发,因为 MER 用户通常以小块的形式递增计划。

（3）启发式搜索指导。

如上所述，搜索偏向于先进行高优先级活动，然后再进行低优先级活动。启发式指导的使用是基于将参考计划中的扰动最小化。这背后的动机有两个方面：一是对用户来说，它是直观的，因为启发式指导试图保持活动的时间位置；二是它允许用户在初步设想中"草拟"一个计划，然后要求系统完成该计划。

关于增量目标实现是一个重要的前瞻性问题。如果完全不考虑后期目标的需要而实现早期目标，那么就可能做出不利于以后目标的选择。例如，两个早期目标 A 和 B 可能没有顺序关系，但后来的目标 C 可能需要在 A 之后和 B 之前发生。如果没有先见之明，计划者可能会选择把 B 排在 A 之前，就会阻止后面实现C。这可以通过强制约束目标库中的活动来补救，系统中采取的方法是统一考虑最初获得一致的时间表，作为初始参考计划。因此，早期目标的解决方法会受到活动约束的影响，从而更有利于产生具有前瞻性的决策计划。

10.3.11　通用能力

如上所述，自动规划功能是通过几个不同的变体选项呈现给用户的。

一种变体是计划所有的事情，因此完全由自动搜索来找到一个尽可能科学的计划。这个功能与传统的自动规划方法非常相似。这一能力运行良好，就计划中科学观测的数量而言，产生了接近最佳的计划。然而，这些计划往往没有直观的结构，因此不允许项目组在批准会议期间解释计划结构。此外，在偏好和其他解决方案质量标准方面，它们通常是次优的，因此很少被使用。

相反，用户经常应用一种变体，用户可以选择不在计划中的一组观察请求，并请求将这些请求插入到已经存在的部分计划中，以便满足所有规则。虽然重复应用它可能会导致完整计划的变化，但用户发现这更直观，部分原因是它允许用户调整和理解构建的增量计划。此外，这使得用户可以随时准备一个完整的计划。

另一种变体只适用于单个活动，允许用户在活动设想中选择一个活动，然后为它在计划中选择一个大致的时间位置。规划算法将用户选择的时间视为启发式指导，选择活动时尽可能在接近所需时间的计划中进行搜索。

上面提到的超级移动看似是计划编辑功能的一部分，但实际上是一个小型的重规划操作。在超级移动中，被拖拽的活动及其所有子活动和子目标将从计划中删除。当用户在移动结束时放下活动以将其放置时，要求计划者找到一个计划，将移动的活动放置在尽可能接近所选时间的位置。如果放置失败，计划将保持不变。

10.3.12 结论

本章介绍了将 MAPGEN 部署到火星任务的情况。作为用于 NASA 任务的地面支持工具,已经证明,自动推理技术可以与人类的知识和洞察力结合起来,从而大大有利于任务操作。MAPGEN 作为地面操作过程的重要组成部分,在扩展的火星探测车任务中已被使用。此外,MAPGEN 对任务的科学回报产生了重大影响。来自科学研究人员和任务管理人员的主观估计表明,与火星探路者使用的手动方法相比,科学回报增加了 $20\% \sim 40\%$。随着工具带来的效率的提高,操作人员有足够的时间来探索替代假设场景并执行解决方案微调,从而实现更高质量的计划。此外,操作人员更愿意纳入最新信息,因为他们对能够在可用时间内重建计划有了新的信心。一旦任务不再在火星时间运行,这就变得至关重要,因为规划通常必须在下行链路信息得到充分处理之前就开始。 事实上,由于修改了信息,因此整个计划不得不在最后一刻彻底改变,如果没有 MAPGEN,操作人员将没有时间生成新计划。与任务操作员的讨论表明,MAPGEN 提高了对未来任务中地面工具的期望标准。

参 考 文 献

[1] MOSE S E，FERRI P. Technology driver — the ROSETTA mission[C] // 5th CCSDS Workshop. New Technologies，New Standards. London，UK. IEE，1998：1-8.

[2] MUIRHEAD B K. Deep impact，the mission[C] // Proceedings，IEEE Aerospace Conference. Big Sky，MT，USA. IEEE，2002：1.

[3] OMAN H. Deep space travel energy sources[J]. Aerospace and electronic systems magazine，IEEE，2003，18(2):28-35.

[4] NOVARA M. The Bepi Colombo — ESA cornerstone mission to mercury[J]. Acta astronautica，2002，51(1-9):387-395.

[5] 李飞. 探测器自主管理系统需求分析及设计方法研究[D]. 哈尔滨:哈尔滨工业大学,2007.

[6] 代树武，孙辉先. 航天器自主运行技术发展[J]. 宇航学报,2003,24(1):1-6.

[7] 崔平远，徐瑞. 航天器自主技术发展现状与趋势[J]. 宇航学报,2014,35(1):13-28.

[8] MARSHALL M H，LOW G D. Final report of the autonomous spacecraft maintenance study group，NASA — CR_164076[R]. Pasadena: JPL，1981.

[9] WOZNIAK J J. Vehicle technology at APL[J].Johns hopkins APL technical digest，2003，24(1):19-30.

[10] WILEY S，HERBERT G，MOSHER L. Design and development of the

NEAR propulsion system，AIAA － 1995 － 2977[R]. Reston：AIAA，1995.

[11]SINGH G，MACALA G，WONG E，et al. A constraint monitor algorithm for the Cassini spacecraft，AIAA － 1997 － 3526[R]. Reston：AIAA，1997.

[12]CHIEN，S，DOYLE R，DAVIES A G，et al. The future of AI in space[J]. IEEE Intelligent Systems，2006，21(4):64-69.

[13]GHALLAB M，NAU D，TRAVERSO P. Automated planning：theory & practice[M]. Burlington：Morgan Kaufmann，2004.

[14]KATZ D S，SOME R R. NASA advances robotic space exploration[J]. Computer，2003，36(1)：52-61.

[15]陈红波. 航天器自主规划建模方法研究[D]. 哈尔滨：哈尔滨工业大学,2006.

[16]褚永辉，王大轶，黄翔宇. 基于能观度分析的信息融合组合导航方法研究[J]. 航天控制，2011，29(2):31-36.

[17]龚健，杨桦，赵玮，等. 基于知识推理的航天器自主故障诊断方法[J]. 空间控制技术与应用，2011，37(4):19-23.

[18]李智斌，吴宏鑫，谢永春，等. 航天器智能控制实验平台[J]. 自动化学报，2001，27(5):695-699.

[19]代树武，孙辉先. 卫星运行中的自主控制技术[J]. 空间科学学报，2002，22(2):147-153.

[20]李博权，李绪志，王红飞，等. 贪婪算法与动态规划结合的任务规划方法[J]. 微电子学与计算机，2013，30(2):144-147.

[21]潘忠石，孟新，郑建华，等. 空间任务论证平台仿真要素研究[J]. 系统仿真学报，2012，24(7):1366-1372.

[22]黄海滨，马广富，庄宇飞，等. 深空环境下卫星编队飞行队形重构实时重规划[J]. 宇航学报，2012，33(3):325-333.

[23]陈英武，姚锋，李菊芳,等. 求解多星任务规划问题的演化学习型蚁群算法[J]. 系统工程理论实践，2013，33(3):791-801.

[24]孙凯，白国庆，陈英武，等. 面向动作序列的敏捷卫星任务规划问题[J]. 国防科技大学学报，2012，34(6)：141-147.

[25]XU R，CUI P Y，XU X F. Realization of multi-agent planning system for autonomous spacecraft [J]. Advances in Engineering Software，2005，36(4):266-272.

[26]吴宏鑫，胡海霞，谢永春，等. 自主交会对接若干问题[J]. 宇航学报，

2003，24(2):132-137,143.

[27]CUI H T，CHENG X J，XU R，et al. RHC-based attitude control of spacecraft under geometric constraints[J]. Aircraft Engineering and Aerospace Technology，2011，83(5):296-305.

[28]CHIEN S，RABIDEAU G，KNIGHT R，et al. ASPEN — automated planning and scheduling for space mission operations[R]. Pasadena:JPL，2000.

[29] VERIDIAN Inc. GREAS application framework programmer's guide version 4.2[M]. Dover:Veridian Inc，1999.

[30] ANALYTICAL GRAPHIC Inc. STK/scheduler tutorial v3.1[M]. Exton:Analytical Graphic Inc，2004.

[31] LOG Inc. ILOG solver 5.3 user manual[M]. Boston:LOG Inc，2003.

[32]CHIEN S A，JOHNSTON M，FRANK J，et al. A generalized timeline representation，services，and interface for automating space mission operations[C]. Stockholm:Proceedings of the 12th International Conference on Space Operations，2012.

[33]BRESINA J L，JÓNSSON A K，MORRIS P H，et al. Activity planning for the Mars exploration rovers [C].Monterey:ICAPS2005,2005.

[34]CESTA A，CORTELLESSA G，FRATINI S，et al. Mr SPOCK—steps in developing an end-to-end space application [J]. Computational intelligence，2011，27(1): 83-102.

[35]AGHEVLI A，BENCOMO A，MCCURDY M. Scheduling and planning interface for exploration (SPIFe) [C].Freiburg:Proceedings of International Conference on Automated Planning and Scheduling (ICAPS2011),2011.

[36] 张亭亭. 基于成对关联属性空间的众包任务优化配置及其关键属性选择 [D].镇江:江苏科技大学，2015.

[37]YAN Y，FUNG G M，ROSALES R，et al. Active learning from crowds[C]. Bellevue:Proceedings of the 28th International Conference on Machine Learning(ICML−11)，2011.

[38]冯宏胜，陈杨，武小悦.卫星地面站资源配置的SVM回归模型[J].飞行器测控学报，2011(2):15-19.

[39]杨懿男，齐林海，王红，等.基于生成对抗网络的小样本数据生成技术研究 [J].电力建设，2019，40(5):71-77.

[40] 段萌，王功鹏，牛常勇.基于卷积神经网络的小样本图像识别方法[J].计

算机工程与设计，2018，39(1)：224-229.

[41] 加拉卜，诺，特拉韦尔索. 自动规划：理论和实践[M]. 姜云飞，杨强，凌应标，等译. 北京：清华大学出版社，2008.

[42] FIKES R E, NILSSON N. STRIPS：a new approach to the application of theorem proving to problem solving[J]. Artificial Intelligence, 1971, 2(3-4)：189-208.

[43] PEDNAULT E. ADL：exploring the middle ground between STRIPS and the situation calculus[C] // The 1st International Conference on Principles of Knowledge Representation and Reasoning. Morgan Kaufmann：IEEE, 1989.

[44] GHALLAB M, HOWE A, KNOBLOCK C, et al. PDDL—the planning domain definition language[R]. New Haven, USA：Yale University, 1998.

[45] 刘洋，代树武. 卫星有效载荷的规划与调度[J]. 华北航天工业学院学报，2004，14(2)：1-4.

[46] 周装轻. 多星多载荷联合调度问题研究[D]. 长沙：国防科技大学，2009.

[47] 郭玉华. 多类型对地观测卫星联合任务规划关键技术研究[D]. 长沙：国防科技大学，2009.

[48] 徐俊刚，戴国忠，王宏安. 生产调度理论和方法研究综述[J]. 计算机研究与发展，2004，41(2)：257-267.

[49] DAVID F, PIERREVAL H, CAUX C. Advanced planning and scheduling systems in alumium conversion industry[J]. International journal of computer integrated manufacturing, 2006, 19(7)：705-715.

[50] ADELMAN D, NEMHAUSER G L, PADRON M, et al. Allocating fibers in cable manufacturing[J]. Manufacturing and service operations management, 1999, 1(1)：21-35.

[51] PANWALKAR S S, ISKANDER W. A survey of scheduling rules[J]. Operations research, 1997, 25(1)：45-61.

[52] 唐中勇，付强，卓佳，等. 一类基于启发式搜索的激励学习算法[J]. 计算机技术与发展，2006，16(8)：154-160.

[53] 熊锐，吴澄. 车间生产调度问题的技术现状与发展趋势[J]. 清华大学学报（自然科学版），1998，35(10)：55-60.

[54] 何霆，马玉林，杨海. 车间生产调度问题研究[J]. 机械工程学报，2000，36(5)：112-116.

[55] 王璇，刘世峰，刘达. 基于"实时智能"方法的港口物流调度问题研究[J]. 物流技术，2009，28(12)：27-31.

[56] 徐立芳，莫宏伟. 基于自适应克隆启发算法的作业车间调度[J]. 计算机工程，2009，35(4)：121-127.

[57] VAZIRANI V V. Approximation algorithms[M]. New York：Springer，2001.

[58] MACCARTHY B L，LIU J. Addressing the gap in scheduling research：a review of optimization and heuristic method in production scheduling[J]. International journal of production research，1993，31(1)：59-79.

[59] JOHNSON S M. Optimal two- and three-stage production schedules with setup times included[J]. Naval research logistics quarterly，1954，1：61-68.

[60] FOX M. Constraint-directed search：a case study of job shop scheduling[D]. Pittsburgh：Carnegie-Mellon University，1983.

[61] 石柯，李培根. 基于多 Agent 和合同网的敏捷制造单元调度[J]. 华中科技大学学报，2001，29(7)：32-34.

[62] 饶运清，谢畅，李淑霞. 基于多 Agent 的 Job Shop 调度方法研究[J]. 中国机械工程，2004，15(10)：873-877.

[63] SMITH S F，FOX M S，OW P S. Constructing and maintaining detailed production plans：Investigations into the development of knowledge-based factory scheduling systems[J]. AI magazine，1986，7(4)：45-61.

[64] DIDIER D，HENRI P. Fuzzy constraints in job shop scheduling[J]. Journal of intelligent manafacturing，1995(6)：215-234.

[65] HOLLAND J H. Adoption in natural and artificial system[M]. Cambridge：MIT Press，1975.

[66] 王凌. 车间调度及其遗传算法[M]. 北京：清华大学出版社，2003.

[67] KOLONKO M. Some new results on simulated annealing applied to the job shop scheduling problem[J]. European journal of operational research，1999，113(1)：123-136.

[68] GEORGEFF M P，LANSKY A L. Reactive reasoning and planning[C]. Seattle：National Conference on Artificial Intelligence. AAAI Press，1987.

[69] PEDNAULT E P D. Formulating multiagent，dynamic-world problems in the classical planning framework[M] // Reasoning About Actions & Plans. Amsterdam：Elsevier，1987：47-82.

[70] ZLOTKIN G，ROSENSCHEIN J S. Incomplete information and deception in multi-agent negotiation[C]. Sydney：Proceedings of the

12th international joint conference on Artificial intelligence—Volume 1. Morgan Kaufmann Publishers Inc，1991.

[71]STUART C. An implementation of a multi-agent plan synchronizer[M] // Readings in Distributed Artificial Intelligence. Amsterdam：Elsevier，1988：216-219.

[72]WILKINS D. Multiagent planning architecture(MPA)[M]. Menlo Park：SRI，1998.

[73] 王忠敏，高永明，白敬培. 航天任务规划技术发展综述[C]. 北京：第三届中国导航、制导与控制学术会议，2009：549-553.

[74]PENBERTHY J，WELD D S. UCPOP：a sound，complete，partial order planner for ADL[C]. Cambridge：International Conference on Principles of Knowledge Representation and Reasoning，1992.

[75]BLUM A L，FURST M L. Fast planning through planning graph analysis[J]. Artificial intelligence，1997，90(1-2)：281-300.

[76]ROSEN O L M B. Inequalities for stochastic nonlinear programming problems[J]. Operations research，1964，12(1)：143-154.

[77]KAUTZ H，MCALLESTER D，SELMAN B. Encoding plans in propositional logic[C]. Cambridge：Proceedings of the 5th International Conference on Principles of Knowledge and Reasoning，1996：1084-1090.

[78] KAUTZ H，SELMAN B. Blackbox：a new approach to the application of theorem proving to problem solving[C]. Pittsburgh：AIPS98 Workshop on Planning as Combinatorial Search，1998：58-60.

[79] 王红卫，祁超. 基于层次任务网络规划的应急响应决策理论与方法[M]. 北京：科学出版社，2014.

[80]HOWARD R A. Dynamic programming and Markov processes[M]. New York：Wiley，1960.

[81]BLACKWELL D. Discounted dynamic programming[J]. The annals of mathematical statistics，1965，36(1)：226-235.

[82]HADAD M，KRAUS S，HARTMAN I B，et al. Group planning with time constraints[J]. Annals of mathematics & artificial intelligence，2013，69(3)：243-291.

[83]CURRIE K，TATE A，BRIDGE S. O－Plan：the open planning architecture[J]. Artificial intelligence，1991，52(1)：49-86.

[84]GHALLAB M，LARUELLE H. Representation and control in ixtet, a

temporal planner[C]. Chicago：International Conference on Artificial Intelligence Planning Systems，1994：61-67.

[85]LEVER J，RICHARDS B. Lecture notes in computer science[M]. Berlin，Heidelberg：Springer，1994.

[86]KAMBHAMPATI S. Sapa：a multi-objective metric temporal planner[J]. Journal of aritificial intelligence research，2003，20(1)：155-194.

[87]GEREVINI A，SAETTI A，SERINA I. An approach to temporal planning and scheduling in domains with predictable exogenous events[J]. Journal of artificial intelligence research，2006，25(1)：187-231.

[88]RINA D，ITAY M，JUDEA P. Temporal constraint networks[J]. Artificial intelligence，1991，49(1-3)：61-95.

[89]郭科,陈聆. 最优化方法及其应用[M].北京:高等教育出版社，2007.

[90]GOOLEY T D. Automating the satellite range scheduling process[D]. Wright Patterson AFB：Air Force Institute of Technology，1993.

[91]SCHALCK S M. Automating satellite range scheduling[D]. Wright Patterson AFB：Air Force Institute of Technology，1993.

[92]BURROW B S. Optimal allocation of satellite networks resource[D]. Wright Patterson AFB：Air Force Institute of Technology，1999.

[93]FRANK J，JONSSON A，MORRIS R，et al. Planning and scheduling for fleets of Earth observing satellites[C]. San Francisco：Proceedings of the Sixth International Symposium on Artificial Intelligence Robotics Automation and Space，2001：121-125.

[94]金光，武小悦，高卫斌. 卫星地面站资源调度优化模型及启发式算法[J]. 系统工程与电子技术，2004，26(12)：1839-1841,1875.

[95]WOLFE W J，SORENSEN S E. Three scheduling algorithms applied to the Earth observing systems domain[J]. Management Science，2000，46(1)：148-166.

[96]ROJANASOONTHON S，BARD J F，REDDY S D. Algorithms for parallel machine scheduling：a case study of the tracking and data relay satellite system[J]. Journal of the operational research society，2003，54：806-821.

[97]BRESINA J L. Heuristic-biased stochastic sampling[J]. Proceedings of the national conference on artificial intelligence，1996，1：271-278.

[98] 王远振，高卫斌，聂成. 多星地面站系统资源配置优化研究综述[J]. 系统工程与电子技术，2004，26(4)：437-439.

[99] BARBULESCU L，HOWE A E，WATSON J P，et al. Satellite range scheduling：a comparison of genetic，heuristic and local search[M] // Lecture Notes in Computer Science. Berlin，Heidelberg：Springer Berlin Heidelberg，2002：611-620.

[100] PARISH D A. A genetic algorithm approach to automating satellite range scheduling[D]. Wright Patterson AFB：Air Force Institute of Technology，1994.

[101] LAWRENCE D. Handbook of genetic algorithms[R]. New York：Van Nostrand Reinhold，1991.

[102] 吴斌，李元新，黄永宣. 基于遗传算法的 TT&C 测控资源优化调度[J]. 宇航学报，2006，27(6)：1132-1136.

[103] ALLEN J F. Maintaining knowledge about temporal intervals[J]. Communications of the ACM，1983，26：832-843.

[104] LABORIE P，ROGERIE J，SHAW P，et al. Reasoning with conditional time-intervals. Part Ⅱ：an algebraical model for resources[C] // International Florida Artificial Intelligence Research Society Conference. DBLP，2009.

[105] SRINIVASAN P，MENCZER F，PANT G. A general evaluation framework for focused crawlers [J]. Information retrieval，2005，8(3)：417-447.

[106] 徐文明. 深空探测器自主任务规划方法研究与系统设计[D]. 哈尔滨：哈尔滨工业大学，2006.

[107] 魏东兴，冯锡钰，邢慧玲. 现代通信技术[M]. 北京：机械工业出版社，2014.

[108] 王港，帅通，陈金勇，等. 基于深度强化学习的航天信息综合应用与决策研究[J]. 无线电工程，2019，49(7)：564-570.

[109] DAI J F，LI Y，HE K M，Et al. R—FCN：object detection via region-based fully convolutional networks[EB/OL]. 2016：1605.06409. http://arxiv.org/abs/1605.06409v3.

[110] HONG S，ROH B，KIM K H，et al. PVANet：Lightweight deep neural networks for real—time object detection[C]. Barcelona：NIPS 2016 Workshop on Efficient Methods for Deep Neural Networks (EMDNN)，2016.

[111] OORD A V D, DIELEMAN S, ZEN H, et al. Wave net: a generative model for raw audio[C]. Sunnyvale: 9th ISCA Workshop on Speech Synthesis Workshop, 2016.

[112] LI X, QIN T, YANG J, et al. LightRNN: memory and computation-efficient recurrent neural networks[EB/OL]. 2016: 1610. 09893. http://arxiv.org/abs/1610.09893v1.

[113] DAUPHIN Y N, FAN A, AULI M, et al. Language modeling with gated convolutional networks[C]. Sydney: 34th International Conference on Machine Learning, 2016.

[114] CORTES C, VAPNIK V. Support — vector networks[J]. Machine learning, 1995, 20(3): 273-297.

[115] ARJOVSKY M, CHINTALA S, BOTTOU L. Wasserstein GAN[C]. Sydney: 35th International Conference on Machine Learning, 2017.

[116] SMITH B D, ENGELHARDT B E, MUTZ D H. The RadarSAT — MAMM automated mission planner[J]. AI Magazine, 2002, 23(2):25-36.

[117] IRIS S, BURGER G. RADARSAT—1: Canadian space agency hurricane watch program[C] // IEEE International Geoscience & Remote Sensing Symposium. IEEE, 2004.

[118] WILLIS J, RABIDEAU G, WILKLOW C. The citizen explorer scheduling system[C]. Snowmass: Proceedings of the IEEE Aerospace Conference, 1999.

[119] RABIDEAD G, KNIGHT R, CHIEN S, et al. Iterative repair planning for spacecraft operations in the ASPEN system[C]. Noordwijk: International Symposium on Artificial Intelligence Robotics and Automation in Space,1999.

[120] SHERWOOD R, GOVINDJEE A, YAN D, et al. Using ASPEN to automate EO — 1 activity planning[C] // 1998 IEEE Aerospace Conference Proceedings (Cat. No.98TH8339). Snowmass, CO, USA. IEEE, 1998: 145-152.

[121] CHIEN S, RABIDEAU G, TRAN D, et al. Scheduling science campaigns for the Rosetta mission: a preliminary report[C]. Moffett Field: International Workshop on Planning and Scheduling for Space, 2013.

[122] RABIDEAU G, KNIGHT R, CHIEN S,et al. Iterative repair planning

for spacecraft operations in the ASPEN system[C]. Noordwijk: International Symposium on Artificial Intelligence Robotics and Automation in Space,1999.

[123]BRESINA J L, JÓNSSON A K,MORRIS P H, et al. Activity planning for the Mars exploration rovers[C] // Fifteenth International Conference on Automated Planning & Scheduling. DBLP, 2004.

[124]BURSTEIN M H, MCDERMOTT D V. Issues in the development of human-computer mixed-initiative planning[M] // Advances in Psychology. Amsterdam: Elsevier, 1996: 285-303.

[125]MALDAGUE P, KO A, PAGE D,et al. APGEN: a multi-mission semi-automated planning tool[C]. Oxnard:First International NASA Workshop on Planning and Scheduling,1998.

[126]JÓNSSON A K, MORRIS P H, MUSCETTOLA N, et al. Next generation remote agent planner[C]. Noordwijk: Proceedings of the 5th International Symposium on Artificial Intelligence, Robotics and Automation in Space(iSAIRAS99), 1999.

[127]FRANK J, JONSSON A. Constraint-based interval and attribute planning[J]. Journal of constraints special issue on constraints and planning, 2003, 8(1):339-364.

[128]DECHTER R, MEIRI I,PEARL J. Temporal constraint networks[J]. Artificial intelligence,1991,49:61-95.

[129]MORRIS P, MORRIS R, KHATIB L, et al. Strategies for global optimization of temporal preferences[C] // International Conference on Principles and Practice of Constraint Programming. Berlin, Heidelberg: Springer, 2004: 408-422.

[130]BRESINA J, JÓNSSON A, MORRIS P,et al. Constraint maintenance with preferences and underlying flexible solution[C]. Kinsale:CP—2003 Workshop on Change and Uncertainty,2003.

[131]GINSBERG M L.Dynamic backtracking[J].Journal of artificial intelligence research (JAIR),1993, 1: 25-46.

名词索引